ESSAI

SUR LES PROPRIÉTÉS

DE LA

NOUVELLE CISSOÏDE,

ET

SUR LES RAPPORTS DE CETTE COURBE,

TANT AVEC LA CISSOÏDE DE DIOCLÈS, QU'AVEC UN GRAND NOMBRE
D'AUTRES COURBES;

PAR MM. RALLIER.

In tenui labor...

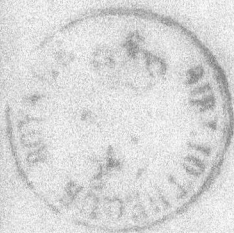

PARIS,

BACHELIER, GENDRE COURCIER, LIBRAIRE, SUCCESSEUR DE
Mᵐᵉ Vᵉ COURCIER,

Quai des Augustins, no 55, près le Pont-Neuf.

1822.

DE l'IMPRIMERIE DE HUZARD-COURCIER,

RUE DU JARDINET, N° 12.

AVERTISSEMENT

DU PRINCIPAL AUTEUR.

A quelque degré d'élévation que la Géométrie ait été portée de nos jours, et quelques secours qu'elle reçoive des perfectionnemens qu'ont acquis progressivement aussi les méthodes analytiques, il est probable que l'on continuera long-temps encore de débuter dans l'étude de cette science, par des notions élémentaires ayant pour objet de faire connaître les principaux rapports qui existent entre des lignes, des surfaces, des solides.

Les lignes droites ne sont pas les seules dont on s'occupe dans ces commencemens. On leur associe déjà quelques courbes, telles que le cercle et les autres courbes du second degré. Il est peu d'ouvrages élémentaires en ce genre où l'on ne trouve une théorie plus ou moins complète de chacune de ces courbes. On en ajoute même communément quelques-unes d'un degré un peu plus élevé, telles que la conchoïde de Nicomède, la cissoïde iv

de Dioclès, la cycloïde, la spirale d'Archi-
mède, etc.

La courbe qui sera l'objet de cet Essai, et
qui n'a encore, que je sache, attiré l'attention d'aucun géomètre, pourrait à quelques
égards être assimilée aux courbes du second
degré. Elle s'en rapproche du moins par sa
simplicité, plus qu'aucune de celles que nous
venons de désigner. Elle a d'ailleurs des rapports intimes, non-seulement avec toutes les
courbes du second degré, mais avec une infinité d'autres.

Elle réunit par elle-même des propriétés
assez intéressantes. Sa construction est ex-
trêmement facile et ne dépend que d'une seule
constante.

Toutes ces considérations concourent à me
faire penser que cette courbe vaut la peine
qu'on la fasse connaître, et qu'elle ne serait
pas indigne de figurer au nombre de celles
dont il est d'usage de faire mention dans les
traités de Géométrie élémentaire.

Je sens, d'un autre côté, que de puissans
motifs devraient me dissuader de livrer cet
Essai à l'impression.

Il n'est rien de plus facile sans doute que
d'imaginer un nombre infini de courbes différentes, sur chacune desquelles l'application des méthodes analytiques ne laisserait

bientôt aucune question un peu importante
à résoudre.

Une seule de ces courbes extraite de la
masse commune, est en elle-même un tribut
peu digne d'être offert aux dépositaires de la
science. C'est forger laborieusement une ébau-
che isolée, pour la présenter ensuite à des
mains qui ont à leur disposition des instrumens
tout faits, non-seulement pour créer dans le
même genre, et comme en se jouant, des pro-
ductions plus parfaites, mais encore pour les
varier à volonté et à l'infini.

Peut-on d'ailleurs espérer de trouver des
lecteurs, quand, sous la seule garantie d'un
nom aussi peu connu que le mien, on ose
publier un Essai, qui n'a point et qui n'oserait
réclamer l'attache d'aucune société savante?

Se mettre en frais pour une entreprise
semblable peut, je le sens, être regardé
comme une véritable folie. Cette folie cependant, je la fais, et voici les raisons bonnes
ou mauvaises qui m'y déterminent:

Quelque peu de prix qu'ait ma découverte,
je crois, après tout, que c'en est une, et elle
présente assez d'observations neuves, pour
qu'il ne semble pas tout-à-fait hors de propos
d'en conserver quelques traces. C'est une
seule goutte d'eau de plus dans l'Océan des
connaissances humaines; mais l'Océan lui-

même se compose de gouttes d'eau, et il n'est pas donné à tout le monde d'y verser à la fois toutes celles que réunit un grand fleuve.

La question à laquelle j'avoue qu'il m'est le plus pénible de ne savoir trop bien que répondre est celle-ci : A quoi votre découverte peut-elle être utile ?

Je pourrais, je crois, représenter cependant que, dans les sciences exactes, il est peu de vérités nouvelles que l'on doive regarder comme tout-à-fait inutiles. Si elles ne paraissent pas utiles d'abord, elles peuvent le devenir par la suite, ou par elles-mêmes, ou par leur relation avec d'autres vérités.

Combien de courbes, par exemple, se sont trouvées susceptibles d'applications précieuces, auxquelles, dans le principe, les inventeurs eux-mêmes avaient peut-être été bien loin de songer ! Et qui sait si la courbe dont j'ai fait l'objet de mes recherches, ne jouira pas quelque jour d'un pareil avantage ? Je désire au moins que ses nombreux rapports avec beaucoup d'autres courbes depuis long-temps connues, lui méritent l'honneur de leur être en quelque sorte affiliée.

Je n'ai parlé jusqu'ici qu'en mon privé nom, et je dois déclarer que j'ai eu cependant un collaborateur. C'est un jeune homme de mon nom, dont j'ai été le premier instituteur, et qui a

suivi pendant quelque temps l'École Polytech-
nique. Il est même très vrai de dire que mon
jeune parent serait fondé à réclamer la meil-
leure part dans une découverte qui, sans
lui, n'aurait probablement point été faite. La
première idée en est due à des circonstances
fortuites, auxquelles donnèrent lieu quelques entretiens que j'eus avec mon ancien
élève sur des objets, en apparence, assez
étrangers à celui dont il est maintenant question. Mon jeune collaborateur, plus familia-
risé que moi avec les calculs infinitésimaux,
m'a surtout utilement secondé, chaque fois
que nous avons eu besoin de recourir à leur
application.

viij

Fautes à corriger.

Pages. Lignes.

8, 2. $\sqrt{2}\,a$, *lisez* $\dfrac{a}{\sqrt{2}}$

13, 22. x , *lisez* z

27, 20. $\dfrac{3(\sqrt[3]{a^2x'}-x')a\sqrt[3]{ax'^2}}{2a^2-3\sqrt[3]{ax'^2}}$, *lisez*

$\dfrac{3(\sqrt[3]{a^2x'}-x')\sqrt[3]{ax'^2}}{2a-3\sqrt[3]{ax'^2}}$

46, 3. ay^a , *lisez* $a^2y^{a'}$

55, 19. $\sqrt{a}x$, *lisez* $-\sqrt{a}\,x'$

61, 9. ay^4 , *lisez* a^2y^4

ibid. 10. $\sqrt[4]{}$, *lisez* $\sqrt[3]{}$

64, 4. β , *lisez* β'

81, 6. $0,26289\,a$, *lisez* $0,26216\,a$

99, 13. ste , *lisez* est

106, 9. GF , *lisez* CF

115, 1. $\dfrac{y^6}{2}$, *lisez* $\dfrac{y^6}{a^2x^2}$

224, dern. $\dfrac{8}{27}a^3$, *lisez* $\dfrac{8}{27}a^3$; $s=\dfrac{a}{9}$, *lisez* $s=\dfrac{a}{9}$

ESSAI

SUR LES PROPRIÉTÉS

DE LA

NOUVELLE CISSOÏDE.

CHAPITRE PREMIER.

De la nouvelle Cissoïde.

1. Soient deux droites CA, AP (fig. 1), perpendiculaires l'une sur l'autre; si d'un point C
de la droite CA on mène vers la droite AP tant
d'obliques CL que l'on voudra, et que pour
chacune on fasse CE = AL, la courbe qui passera par tous les points E est celle que nous
nommons *nouvelle cissoïde*. Les rapports que
nous aurons bientôt occasion de remarquer entre
cette courbe et la cissoïde de Dioclès, nous ont
paru justifier cette dénomination.

2. Si la ligne AL est infiniment petite, l'élément de la courbe qui en sera le produit se
confondra au point C avec la droite CA qui

touchera par conséquent la courbe à ce même point C.

Toute oblique CL étant plus longue que la perpendiculaire AL, aucun point de la courbe n'atteindra la droite AP. Cependant, la différence entre AL et CL devenant de plus en plus petite, à mesure que ces lignes s'alongent, et leur obliquité toujours croissante, contribuant d'ailleurs à rendre cette différence de moins en moins sensible, ces deux droites pouvant même être considérées comme égales, quand leur longueur est supposée infinie, il suit que la courbe s'approche de plus en plus de la droite AP et qu'elle se confondrait avec elle à une distance infinie. Cette droite est donc son asymptote; la droite CA est son axe, et c'est sur elle, qu'à compter du point C, se mesurent les abscisses CB. Les ordonnées BE se mesurent parallèlement à l'asymptote.

Nous aurions pu prendre pour axe et pour ligne des abscisses la ligne CD parallèle à l'asymptote; mais nous avons eu plusieurs raisons de préférer la ligne CA, et la principale était de nous conformer à l'usage qui a prévalu pour la cissoïde de Dioclès.

3. L'asymptote AP aurait pu être prise à droite comme à gauche du point C, et au lieu de s'élever au-dessus de la droite CA, elle aurait pu s'abaisser au-dessous. Il suit de là qu'en

reconnaissant toujours le point C pour son origine, la courbe pourrait se trouver indifféremment dans chacun des quatre angles droits ACD, ACD′, A′CD et A′CD′, ce qui formerait quatre branches distinctes. Si les lignes mesurées de C vers A et de C vers D sont regardées comme positives, celles qui seront mesurées en sens contraires doivent être regardées comme négatives. Il suit de là que la branche située dans l'angle ACD aura ses abscisses et ses ordonnées positives; que celle située dans l'angle ACD′ aura ses abscisses positives et ses ordonnées négatives; que celle située dans l'angle A′CD aura ses abscisses négatives et ses ordonnées positives; qu'enfin celle située dans l'angle A′CD′ aura ses abscisses et ses ordonnées négatives. Les quatre branches réunies se trouveraient comprises entre deux asymptotes qui seraient parallèles entre elles et distantes l'une de l'autre d'une quantité égale au double de l'axe CA. Mais comme ces quatre branches sont parfaitement égales et symétriques, il nous suffira de porter notre attention sur une seule. Nous nous en tiendrons à la branche CER, dans laquelle les abscisses ainsi que les ordonnées sont positives.

4. Si du point A on mène sur l'oblique CL la perpendiculaire AM, les triangles rectangles CBE, AML seront parfaitement égaux, puisqu'ils sont semblables et que leurs hypoténuses

1..

CE, AL sont égales. Les droites AM, ML sont donc égales, la première à l'abscisse CB et la seconde à l'ordonnée BE.

5. L'angle AMC étant droit, tous les points M seront sur une demi-circonférence de cercle ayant l'axe CA pour diamètre. Donc, si sur CA, comme diamètre, on décrit une demi-circonférence de cercle AMC; que par un point quelconque M de cette demi-circonférence on tire les cordes AM, CM; qu'ayant prolongé cette dernière jusqu'à ce qu'elle rencontre l'asymptote en L, on porte AM sur l'axe de C en B; qu'on tire l'ordonnée BE et qu'on la fasse égale à ML, le point E appartiendra à la nouvelle cissoïde.

Le cercle qui a l'axe CA pour diamètre, et que nous nommerons *cercle générateur,* fournit, comme l'on voit, pour décrire la nouvelle cissoïde, un moyen moins simple à la vérité, mais aussi exact que celui qui a été exposé (article premier).

6. Nous nous occuperons particulièrement, dans le chapitre suivant, de rechercher les principaux rapports qui peuvent exister entre la nouvelle cissoïde et la cissoïde de Dioclès; mais nous ne pouvons nous empêcher d'observer d'avance ici que le cercle décrit sur CA, comme diamètre, est aussi le cercle générateur de la cissoïde de Dioclès, qui aurait CA pour axe et AP pour asymptote : l'élément ML est même com-

mun aux deux courbes ; il figure comme corde dans la cissoïde de Dioclès, et comme ordonnée dans la nouvelle cissoïde.

7. Nous nommerons a l'axe CA, x l'abscisse CB, y l'ordonnée BE, z la corde CE ou la ligne AL qui lui est égale. Cela posé : le triangle rectangle CBE donne

$$CE = \sqrt{\overline{CB}^2 + \overline{BE}^2}, \text{ ou } z = \sqrt{x^2 + y^2};$$

et les triangles semblables CBE, CAL donnent

$$CB : BE :: CA : AL, \text{ ou } x : y :: a : z;$$

d'où $$z = \frac{ay}{x}.$$

Comparant ensemble ces deux valeurs de z, on aura

$$\sqrt{x^2 + y^2} = \frac{ay}{x}, \text{ ou } x^2 + y^2 = \frac{a^2 y^2}{x^2};$$

d'où $$x^4 + y^2 x^2 - a^2 y^2 = 0.$$

C'est l'équation de la nouvelle cissoïde. Elle est du quatrième degré ; mais comme elle n'a point d'exposans impairs, elle est résoluble par les méthodes du second.

8. L'équation $x^4 + y^2 x^2 - a^2 y^2 = 0$ donne

$$1°. \quad y^2 = \frac{x^4}{a^2 - x^2} \text{ et } y = \pm \frac{x^2}{\sqrt{a^2 - x^2}};$$

$2°.$
$$x^2 = \pm\sqrt{a^2 y^2 + \frac{y^4}{4}} - \frac{y^2}{2}$$

et
$$x = \pm\sqrt{\pm\sqrt{a^2 y^2 + \frac{y^4}{4}} - \frac{y^2}{2}}.$$

Nous pouvons, par les raisons que nous avons exposées (art. 3), ne point avoir égard dans ces équations aux doubles signes, et nous en tenir, pour les valeurs de y et de x, à ces expressions plus simples

$$y = \frac{x^2}{\sqrt{a^2 - x^2}} \quad \text{et} \quad x = \sqrt{\sqrt{a^2 y^2 + \frac{y^4}{4}} - \frac{y^2}{2}}.$$

9. Il serait facile de démontrer *à priori* que $y = \frac{x^2}{\sqrt{a^2 - x^2}}$. En effet, les triangles semblables CMA, CBE donnent

$$CM : AM :: CB : BE; \quad \text{ou} \quad CM : x :: x : y;$$

mais $CM = \sqrt{\overline{CA}^2 - \overline{AM}^2} = \sqrt{a^2 - x^2};$
donc

$$\sqrt{a^2 - x^2} : x :: x : y \quad \text{et} \quad y = \frac{x^2}{\sqrt{a^2 - x^2}}$$

10. Il résulte des équations précédentes,
1°. Que si $x = 0$, on aura aussi $y = 0$ et réciproquement.

2°. Que si $x = a$, y sera infini, puisqu'alors le dénominateur $\sqrt{a^2 - x^2}$ deviendra égal à o.

11. Si dans l'équation $z = \dfrac{ay}{x}$, on substitue à y sa valeur $\dfrac{x^2}{\sqrt{a^2 - x^2}}$, on aura

$$z = \frac{ax}{\sqrt{a^2 - x^2}}.$$

C'est l'expression générale de toute corde de la nouvelle cissoïde.

12. Le triangle rectangle CAL donne

$$\overrightarrow{CL}^2 = \overrightarrow{CA}^2 + \overrightarrow{AL}^2 = a^2 + z^2 = a^2 + \frac{a^2 x^2}{a^2 - x^2} = \frac{a^4}{a^2 - x^2}$$

et $$CL = \frac{a^2}{\sqrt{a^2 - x^2}}.$$

C'est l'expression générale de toute oblique menée du point C à l'asymptote AP.

13. Si l'on veut savoir quelles sont les valeurs de x et de y, au point F où la nouvelle cissoïde rencontre le quart de circonférence AFD décrit du point C comme centre avec l'axe CA pour rayon, il faut considérer qu'à ce point on a la corde CF $=$ CA $=$ AG ; que par conséquent l'oblique CG divise en deux parties égales l'angle droit ACD, et que l'on doit avoir $x = y$. Il est facile de conclure de là que la nouvelle cissoïde passe au milieu du quart de circonférence AFD ,

et qu'à ce point la valeur commune de x et de y est $\sqrt{2a}$.

14. Il peut encore être intéressant de connaître quelles sont les valeurs de x et de y au point f où la nouvelle cissoïde rencontre la demi-circonférence AfC du cercle générateur. Pour y parvenir, il faut observer que dans ce cas les deux points E, M se confondent et que l'on a par conséquent

$$CE + ML = CL, \quad \text{ou} \quad z + y = CL,$$

ou, en substituant aux trois quantités z, y et CL les valeurs qu'on leur a trouvées (art. 8, 11 et 12),

$$\frac{ax}{\sqrt{a^2-x^2}} + \frac{x^2}{\sqrt{a^2-x^2}} = \frac{a^2}{\sqrt{a^2-x^2}},$$

ou $\quad ax + x^2 = a^2, \quad$ ou $\quad x^2 + ax - a^2 = 0$.

Cette équation du second degré étant résolue, donne

$$x = \frac{\sqrt{5}-1}{2}a.$$

C'est la valeur de l'abscisse Cn qui répond au point f, et si on la substitue dans l'équation $y = \dfrac{x^2}{\sqrt{a^2-x^2}}$, on trouvera $y = \sqrt{\sqrt{5}-2}a$.

Si l'on veut connaître z, il faudra dans l'équation $z = \sqrt{x^2 + y^2}$, substituer à x et à y leurs valeurs et l'on aura

$$z = \sqrt{\frac{\sqrt{5} - 1}{2}} a.$$

15. Veut-on savoir quelle sera la valeur de x, lorsque l'on aura $y = a$? il faudra faire

$$a = \frac{x^2}{\sqrt{a^2 - x^2}};$$

d'où $\qquad x^4 + a^2 x^2 - a^4 = 0.$

Cette équation du quatrième degré, sans exposans impairs, étant résolue, donne

$$x = \sqrt{\frac{\sqrt{5} - 1}{2}} a,$$

c'est-à-dire que la nouvelle cissoïde coupera le côté DG du carré CDGA en un point H tel que l'on aura

$$DH = \sqrt{\frac{\sqrt{5} - 1}{2}} a.$$

On trouverait

$$CH \quad \text{ou} \quad z = \sqrt{\frac{\sqrt{5} + 1}{2}} a.$$

16. Au lieu de prendre, comme nous l'avons fait, CA pour la ligne des abscisses, on aurait

pu, ainsi que nous l'avons déjà observé (art. 2), mesurer celles-ci, à partir du point C, sur la ligne CD parallèle à l'asymptote. Il se peut même que nous soyons, par la suite, obligé quelquefois d'adopter cette dernière mesure, comme plus propre à faire apercevoir les rapports de la nouvelle cissoïde avec certaines courbes. Il ne résulterait de là d'autre changement dans l'équation $x^4 + y^2 x^2 - a^2 y^2 = 0$, si ce n'est que les abscisses deviendraient ordonnées et réciproquement. L'équation serait donc alors

$$y^4 + x^2 y^2 - a^2 x^2 = 0;$$

ou, en ordonnant en x,

$$x^2 - \frac{y^4}{a^2 - y^2} = 0;$$

d'où l'on obtiendrait facilement

$$x = \frac{y^2}{\sqrt{a^2 - y^2}} \text{ et } y = \sqrt{\sqrt{a^2 x^2 + \frac{x^4}{4}} - \frac{x^2}{2}}.$$

Nous nous en tiendrons, quant à présent, à l'équation $x^4 + y^2 x^2 - a^2 y^2 = 0$ et à celles qui en dérivent.

17. Si sur CA, comme premier demi-axe, et sur une portion quelconque CO de la ligne CD, comme second demi-axe, on décrit un quart d'ellipse AEO qui rencontre la nouvelle cissoïde

en un point E, et que de ce point E on tire la droite CE qui sera à la fois corde de la nouvelle cissoïde et demi-diamètre de l'ellipse, nous disons que cette droite sera toujours moyenne proportionnelle entre les deux demi-axes CA, CO de l'ellipse.

Démonstration. Nous nommerons b le demi-axe CO, et les droites CA, CB, BE, à quelque courbe qu'on les rapporte, continueront d'être désignées par les lettres a, x, y. Nous avons à démontrer que $CE = \sqrt{CA \times CO} = \sqrt{ab}$.

Nous avons vu (art. 8) que BE considérée comme ordonnée de la nouvelle cissoïde est égale à $\dfrac{x^2}{\sqrt{a^2 - x^2}}$, et cette même droite considérée comme ordonnée de l'ellipse (ses abscisses étant mesurées du centre C), est égale à $\dfrac{b}{a}\sqrt{a^2 - x^2}$. Comparant ensemble ces deux valeurs de BE ou de y, on aura

$$\frac{x^2}{\sqrt{a^2 - x^2}} = \frac{b}{a}\sqrt{a^2 - x^2},$$

ou, en élevant au carré,

$$\frac{x^4}{a^2 - x^2} = \frac{b^2}{a^2}(a^2 - x^2);$$

d'où $\quad b^2 = \dfrac{a^2 x^4}{(a^2 - x^2)^2} \quad$ et $\quad b = \dfrac{a x^2}{a^2 - x^2}$

Multipliant par a et tirant la racine carrée, on aura

$$\sqrt{ab} = \frac{ax}{\sqrt{a^2 - x^2}};$$

mais nous avons vu (art. 11) que $CE = \frac{ax}{\sqrt{a^2 - x^2}}$.

Donc $CE = \sqrt{ab}$; c'est-à-dire que le demi-diamètre CE de l'ellipse est une moyenne proportionnelle entre les deux demi-axes CA et CO.

18. On peut conclure de la proposition précédente que si de l'extrémité A de l'un des demi-axes CA, CO d'un quart d'ellipse AEO, on élève sur ce demi-axe une perpendiculaire AL qui sera tangente à l'ellipse, et qu'on la fasse moyenne proportionnelle entre les deux demi-axes CA, CO; qu'ensuite on tire la droite CL, le demi-diamètre CE faisant partie de cette droite sera égal à AL et par conséquent moyen proportionnel entre les deux demi-axes CA, CO.

Cette observation est également applicable aux deux demi-axes; c'est-à-dire que la moyenne proportionnelle entre ces deux demi-axes peut être portée indifféremment de A en L ou de O en I. Les trois points L, I, C seront toujours en ligne droite et l'on aura

$$OI = AL = CE.$$

19. Si les deux demi-axes CA, CO sont

égaux, le quart d'ellipse AEO deviendra un quart de cercle, et le demi-diamètre CE sera bien moyen proportionnel entre les deux demi-axes, puisqu'il leur sera égal à l'un et à l'autre. Alors aussi l'angle ACE sera la moitié de l'angle droit ACD.

Toutes les fois que l'angle ACE sera moindre que la moitié d'un droit, on aura dans l'ellipse à laquelle le point E appartiendra, CA > CO, ou $a > b$. Le contraire arrivera quand l'angle ACE sera plus grand que la moitié d'un droit.

20. Les mêmes rapports que nous avons observés ci-dessus entre le quart d'ellipse AEO et la branche CER de la nouvelle cissoïde existent respectivement entre chacun des trois autres quarts de la même ellipse et les trois autres branches de la nouvelle cissoïde.

21. On voit que tout point de la nouvelle cissoïde appartient à une ellipse qui a l'axe CA pour premier demi-axe, et pour second demi-axe une troisième proportionnelle à l'axe CA et à la corde CE, ou à a et à x. Ce second demi-axe, que nous nommons b, est donc égal à $\frac{x^2}{a}$; et si à la place de x^2 on met sa valeur $\frac{a^2 x^2}{a^2 - x^2}$, on aura

$$b = \frac{a x^2}{a^2 - x^2},$$

comme nous l'avons déjà trouvé (art. 17).

22. Chaque point de la branche CER de la nouvelle cissoïde appartient aussi à une autre ellipse qui aurait CA, non plus pour premier demi-axe, mais pour premier axe. Il est facile de déterminer la valeur de son second axe que nous nommerons β, et cette recherche nous sera utile par la suite. La droite BE considérée comme ordonnée de la nouvelle cissoïde est égale à $\dfrac{x^2}{\sqrt{a^2 - x^2}}$, et la même droite considérée comme ordonnée de l'ellipse qui a pour axes a, β, et dont les abscisses se mesurent de l'extrémité C du premier axe, est égale à $\dfrac{\beta}{a} \sqrt{ax - x^2}$. Comparant entre elles ces deux valeurs, on aura

$$\frac{x^2}{\sqrt{a^2 - x^2}} = \frac{\beta}{a} \sqrt{ax - x^2} ;$$

d'où

$$a^3 \beta^2 - a^2 \beta^2 x - a\beta^2 x^2 + \beta^2 x^3 = a^2 x^3$$

et

$$\beta^2 = \frac{a^2 x^3}{a^3 - a^2 x - a x^2 + x^3} = \frac{a^2 x^2}{a^2 - 2ax + x^2} \times \frac{x}{a + x},$$

et

$$\beta = \frac{ax}{a - x} \sqrt{\frac{x}{a + x}}.$$

Chaque point de la branche CER de la nouvelle cissoïde appartient donc à une ellipse AdC qui a CA ou a pour premier axe, et dont le second axe β est égal à $\dfrac{ax}{a-x}\sqrt{\dfrac{x}{a+x}}$.

23. Il résulte des deux articles précédens que chaque point de la branche CER de la nouvelle cissoïde peut être considéré comme l'intersection de deux ellipses AEO, AdC, qui ont, la première pour demi-axes a et $b=\dfrac{ax^2}{a^2-x^2}$, la seconde pour axes a et $\beta=\dfrac{ax}{a-x}\sqrt{\dfrac{x}{a+x}}$.

Le point qui répond au point E de la branche CER dans celle de l'angle ACD' se trouve évidemment placé aussi à une intersection des deux mêmes ellipses que nous venons de désigner.

Quant aux points qui correspondent au point E dans les deux autres branches de la nouvelle cissoïde, ils sont chacun à une intersection de la grande ellipse AEO avec une petite ellipse parfaitement égale à l'ellipse AdC, mais ayant pour premier axe — CA et non CA.

24. Il ne sera pas hors de propos de chercher pour un petit nombre de cas particuliers, les valeurs respectives des quantités b, β, qui sont, la première le second demi-axe de l'ellipse AEO, la seconde le second axe de l'ellipse AdC.

Supposons d'abord $x=\dfrac{a}{2}$; cette valeur substituée dans les équations

$$b = \frac{ax^2}{a^2 - x^2} \quad \text{et} \quad \beta = \frac{ax}{a-x}\sqrt{\frac{x}{a+x}}$$

donnera

$$b = \frac{a}{3} \quad \text{et} \quad \beta = \frac{a}{\sqrt{3}}.$$

On trouvera dans ce même cas, $y = \frac{a}{2\sqrt{3}}$.

y sera donc la moitié de β; et en effet l'ordonnée qui répond à la moitié du premier axe d'une ellipse est elle-même la moitié du second.

25. Supposons que $x = \frac{a}{\sqrt{2}}$; on trouvera

$$b = a,$$

et après quelques réductions,

$$\beta = \frac{a}{\sqrt{\sqrt{2}-1}}.$$

Le point de la courbe dont il s'agit ici est celui où elle coupe le quart de circonférence AFD avec lequel se confond alors la grande ellipse.

26. Supposons encore

$$x = \frac{\sqrt{5}-1}{2}\,a,$$

et par suite

$$x^2 = \frac{3-\sqrt{5}}{2}\,a^2, \ a-x = \frac{3-\sqrt{5}}{2}\,a \ \text{et} \ a+x = \frac{\sqrt{5}+1}{2}\,a.$$

Nous aurons d'abord

$$b = \frac{ax^2}{a^2 - x^2} = \frac{\frac{3 - \sqrt{5}}{2}a^3}{a^2 - \frac{3 - \sqrt{5}}{2}a^2} = \frac{\frac{3 - \sqrt{5}}{2}a}{1 - \frac{3 - \sqrt{5}}{2}},$$

ou, à cause que $\frac{3 - \sqrt{5}}{2} = \left(\frac{\sqrt{5} - 1}{2}\right)^2$,

$$b = \frac{\left(\frac{\sqrt{5} - 1}{2}\right)^2}{\frac{\sqrt{5} - 1}{2}} = \frac{\sqrt{5} - 1}{2}a = x;$$

c'est-à-dire que, pour le point de la courbe dont il s'agit ici, ce sera son abscisse même qu'il faudra porter sur la ligne CD, pour avoir la valeur de b.

Maintenant, pour avoir celle de β, il faut, dans l'équation $\beta = \frac{ax}{a - x}\sqrt{\frac{x}{a + x}}$, substituer à x, $a - x$ et $a + x$, leurs valeurs ci-dessus;

on aura $\beta = \dfrac{\frac{\sqrt{5} - 1}{2}a^2}{\frac{3 - \sqrt{5}}{2}a}\sqrt{\dfrac{\frac{\sqrt{5} - 1}{2}a}{\frac{\sqrt{5} + 1}{2}a}}$

$$= \dfrac{\frac{\sqrt{5} - 1}{2}}{\frac{3 - \sqrt{5}}{2}}a\sqrt{\dfrac{\frac{\sqrt{5} - 1}{2}}{\frac{\sqrt{5} + 1}{2}}};$$

mais si l'on multiplie le numérateur et le dénominateur de la fraction qui est sous le signe radical par $\frac{\sqrt{5}-1}{2}$, elle deviendra $\sqrt{\left(\frac{\sqrt{5}-1}{2}\right)^2}$, ou $\frac{\sqrt{5}-1}{2}$. On aura donc

$$\beta = \frac{\frac{\sqrt{5}-1}{2} \cdot \frac{\sqrt{5}-1}{2}}{\frac{3-\sqrt{5}}{2}} \, a = \frac{\frac{3-\sqrt{5}}{2}}{\frac{3-\sqrt{5}}{2}} \, a = a \, ;$$

c'est-à-dire que le second axe de la petite ellipse sera égal à son premier axe a. Cette ellipse, dans le cas que nous examinons ici, sera donc le cercle générateur qui a a pour diamètre, et cela vient à l'appui de ce que nous avons dit (art. 14).

27. *Problème.* Par un point donné E (fig. 2) de la nouvelle cissoïde CER, on demande que l'on mène une tangente à cette courbe.

Solution. Ayant tiré du point E l'ordonnée EB et la corde EC, menez par les points B, C, les droites BI, CI, qui soient, la première parallèle et la seconde perpendiculaire à la corde EC; la droite IE que de leur point de concours I, on mènera au point E, sera tangente à ce point.

Démonstration. Les triangles semblables CBE, BIC donnent

$$\text{CE} : \text{BE} :: \text{CB} : \text{CI}, \text{ ou } \frac{ay}{x} : y :: x : \text{CI} \, ;$$

d'où $\text{CI} = \frac{x^2}{a}$. Nous avons donc à prouver que la tangente au point E rencontre la droite CI perpendiculaire à la corde CE, en un point I tel que l'on a $CI = \frac{x^2}{a}$.

Imaginons que l'asymptote AP est divisée en un nombre infini de petites parties égales entre elles, et que LL′ est une de ces parties. Menons l'oblique CL′ qui rencontrera la courbe en un point E′ ; EE′ sera un élément infiniment petit de la courbe, et sa direction déterminera celle de la tangente au point E.

Faisons CH = CE et tirons la droite infiniment petite EH ; elle pourra être considérée comme étant à la fois perpendiculaire sur CE et sur CE′, et l'on aura, par la nature de la courbe, E′H = LL′. Nous représenterons, pour abréger, par t cette quantité infiniment petite E′H ou LL′, laquelle n'est autre chose que la différentielle de CE ou de son égale AL.

Soit prolongée l'ordonnée BE, jusqu'à ce qu'elle rencontre E′H en G ; on aura, à cause des parallèles AL′, BG,

CA : CB :: LL′ : EG, ou $a : x :: t : EG$;

d'où $$EG = \frac{tx}{a}.$$

Les triangles semblables CBE, EHG donnent

CE : CB :: EG : EH, ou $\frac{ay}{x} : x :: \frac{tx}{a} : EH$

2..

d'où
$$EH = \frac{t x^3}{a^2 y}.$$

Maintenant, à cause des triangles semblables E'HE, ECI, on a

$$E'H : EH :: CE : CI, \quad \text{ou} \quad t : \frac{t x^3}{a^2 y} :: \frac{a y}{x} : CI;$$

d'où
$$CI = \frac{x^2}{a}.$$

28. Tous les points I forment une courbe CIA, qu'en raison de sa figure nous nommerons *oviforme*, et dont nous aurons dans la suite occasion de nous occuper plus particulièrement; de sorte que nous croyons devoir, dès à présent, en donner une notice un peu détaillée.

La figure 2 ne montre que la moitié CIA de cette courbe qui se trouve au-dessous de la ligne CA. L'autre moitié, parfaitement semblable, serait au-dessus de CA et se rapporterait à la branche de la nouvelle cissoïde située dans l'angle ACD'. On voit que CA ou a, axe de la nouvelle cissoïde, l'est aussi de l'oviforme.

Une courbe oviforme toute pareille, mais construite à droite du point C, ou sur $-$CA comme axe, déterminerait les tangentes des deux branches de la nouvelle cissoïde qui occupent les angles A'CD et A'CD' (*).

(*) Pour concevoir ce que nous entendons par les angles ACD', A'CD, A'CD', il faut se reporter à la figure 1.

Si sur l'axe CA commun à la nouvelle cissoïde et à l'oviforme, on abaisse du point I la perpendiculaire IO, CO sera une abscisse de l'oviforme ; OI en sera l'ordonnée. Nous désignerons la première par x' et la seconde par y'.

Les points E, I, qu'unit la droite EI tangente au point E, établissant un rapport intime entre la nouvelle cissoïde et l'oviforme auxquelles ils appartiennent, nous regarderons leurs abscisses CB, CO comme abscisses *correspondantes*, et nous les nommerons respectivement x, x' ; de sorte que, par ordonnées *correspondantes*, nous n'entendrons pas celles qui répondent à une abscisse commune, mais celles BE, OI, ou y, y', qui répondent à deux abscisses correspondantes CB, CO.

29. Les triangles semblables EBC, COI donnent

$$\text{CE} : \text{BE} \quad \text{ou} \quad z : y :: \text{CI} : \text{CO},$$

$$\text{ou} \quad \frac{ax}{\sqrt{a^2 - x^2}} : \frac{x^2}{\sqrt{a^2 - x^2}} :: \frac{x^2}{a} : x',$$

ou $a : x :: \dfrac{x^2}{a} : x'$; d'où $x' = \dfrac{x^3}{a^2}$ et $x = \sqrt[3]{a^2 x'}$.

On voit que x étant connu, il sera toujours facile de connaître x' et réciproquement.

30. Les triangles semblables EBC, COI donnent encore

$$\text{BE} : \text{CB} :: \text{CO} : \text{OI}, \quad \text{ou} \quad y : x :: x' : y' ;$$

c'est-à-dire que les abscisses et les ordonnées de l'oviforme sont entre elles en raison inverse de celles qui leur correspondent dans la nouvelle cissoïde.

On a donc $y' = \dfrac{x x'}{y}$; ou, en substituant à y et à x' leurs valeurs $\dfrac{x^a}{\sqrt{a^2 - x^a}}$ et $\dfrac{x^3}{a^2}$,

$$y' = \frac{x^2 \sqrt{a^2 - x^a}}{a^3}.$$

C'est l'expression générale de l'ordonnée de l'oviforme en valeurs de l'abscisse correspondante de la nouvelle cissoïde. On reconnaîtra facilement qu'elle est une troisième proportionnelle à CL et à CB, ou à $\dfrac{a^2}{\sqrt{a^2 - x^a}}$ et à x.

31. Nous avons vu (art. 27) que $CI = \dfrac{x^2}{a}$, c'est-à-dire que CI est toujours une troisième proportionnelle à a et à x, à CA et à CB.

Nous observerons encore que CI étant perpendiculaire sur BI, si sur CB comme diamètre on décrit une circonférence de cercle, elle passera par le point I.

Si l'on prolonge la droite CI jusqu'à ce qu'elle rencontre en S la circonférence du cercle générateur AMCS, et qu'on tire la droite AS, qui sera perpendiculaire sur CS, et par conséquent parallèle à CE, il est évident que le quadri-

latère AMCS sera un rectangle. On aura donc
CS=AM; mais AM=BC=x, donc aussi
CS=x. Ainsi, pour déterminer le point I sur
la demi-circonférence de cercle BIC, il suffira
de faire CS=BC et de tirer la droite CS.

Si du point S on mène sur le prolongement
de CD la perpendiculaire Ss, les triangles rectangles semblables BIC, CsS seront parfaitement égaux, puisque leurs hypoténuses BC, CS
sont égales. On aura donc Ss=CI.

32. Ce que nous venons de dire fournit des
moyens directs et faciles pour décrire une oviforme dont l'axe CA est donné.

Sur CA, comme diamètre, on commencera
par décrire une circonférence de cercle AMCS,
et du point C on mènera sur CA une perpendiculaire indéfinie Cs. Un point B étant pris
ensuite à volonté sur l'axe CA, on portera l'ouverture de compas CB de C en S sur la circonférence AMCI. Du point S on tirera la droite CS,
et de plus on mènera du point S sur Cs une
perpendiculaire Ss. Faisant ensuite CI=Ss, le
point I appartiendra à l'oviforme.

Au lieu de mener la perpendiculaire Ss, on
pourrait également décrire sur BC comme diamètre une circonférence de cercle, et sa rencontre avec la droite CS déterminerait le point I.
Bien entendu que ce que nous venons d'indiquer
seulement pour un côté de l'axe, se fera égale-

ment de tous les deux; bien entendu aussi que les mêmes opérations se répéteront pour autant de valeurs de CB qu'on le jugera à propos.

33. Nous ferons remarquer en passant que si, en partant du point C, on prend sur l'axe CA ou sur a une partie Cb égale à $\frac{a}{4}$, et que sur cette partie, comme base, on décrive de chaque côté de l'axe un triangle équilatéral Cbi, les sommets i de ces deux triangles appartiendront à l'oviforme. En effet, si l'on suppose $x = \frac{a}{2}$, on aura $\frac{x^2}{a}$ ou CI $= \frac{a}{4}$, et de plus CI se trouvera la corde d'un cercle dont le diamètre sera $\frac{a}{2}$ et dont le rayon sera par conséquent, comme la corde elle-même, égal à $\frac{a}{4}$.

34. La corde CI de l'oviforme peut évidemment être représentée par $\sqrt{x'^2 + y'^2}$. On aura donc $\sqrt{x'^2 + y'^2} = \frac{x^2}{a}$; ou, en substituant à x la valeur $\sqrt[3]{a^2 x'}$ que nous lui avons trouvée (art. 29),

$$\sqrt{x'^2 + y'^2} = \frac{\sqrt[3]{a^4 x'^2}}{a} = \sqrt[3]{a x'^2},$$

et $\qquad x'^2 + y'^2 = \sqrt[3]{a^2 x'^4},$

ou enfin, $\qquad (x'^2 + y'^2)^3 = a^2 x'^4.$

C'est l'équation de l'oviforme que l'on peut encore poser de cette autre manière.

$$x'^6 + 3y'^2x'^4 + 3y'^4x'^2 + y'^6 = 0.$$
$$- a^2x'^4$$

Cette équation du sixième degré n'ayant point d'exposans impairs, est résoluble par les méthodes du troisième.

35. L'équation $x'^2 + y'^2 = \sqrt[3]{a^2x'^4} = x\sqrt[3]{a^2x'}$

donne $\qquad y'^2 = x'\sqrt[3]{a^2x'} - x'^2$

et $y' = \sqrt{x'\sqrt[3]{a^2x'} - x'^2} = \sqrt{x'(\sqrt[3]{a^2x'} - x')}.$

Ainsi, l'abscisse d'un point quelconque de l'oviforme étant connue, il sera toujours facile de trouver la valeur de son ordonnée.

On aura aussi

$$(x'^2 + y'^2)^2 = x'^2\sqrt[3]{a^4x'^2} = ax'^2\sqrt[3]{ax'^2} = (ax'^2)^{\frac{4}{3}}.$$

36. Il est facile de voir que si $x' = 0$, on aura aussi $y' = 0$; que si $x' = a$, on aura encore $y' = 0$; que si l'on fait $x' > a$, on trouvera pour y' des valeurs imaginaires. La courbe est donc fermée aux deux points C, A, et ne peut s'étendre au-delà.

37. L'ordonnée *maximum* de l'oviforme ne répond point au milieu de l'axe CA. Il est facile

(26)

de trouver par le calcul différentiel quel est ce *maximum* et à quelle abscisse il se rapporte.

Si l'on différencie l'équation

$$a^2 x'^4 = (x'^2 + y'^2)^3,$$

on trouvera

$$4a^2 x'^3 dx' = 3(x'^2 + y'^2)^2 (2x'dx' + 2y'dy');$$

d'où $\quad \dfrac{dy'}{dx'} = \dfrac{2a^2 x'^3 - 3x'(x'^2 + y'^2)^2}{3y'(x'^2 + y'^2)^2}.$

Égalant à zéro ce coefficient différentiel, on aura

$$2a^2 x'^2 = 3(x'^2 + y'^2)^2, \text{ ou } \tfrac{2}{3}a^2 x^2 = (x'^2 + y'^2)^2;$$

mais nous avons vu (art. 35) que

$$(x'^2 + y'^2)^2 = ax'^2 \sqrt[3]{ax'^2};$$

on aura donc

$$\tfrac{2}{3} a^2 x'^2 = ax'^2 \sqrt[3]{ax'^2}, \text{ ou } \tfrac{2}{3}a = \sqrt[3]{ax'^2},$$

ou $\quad \tfrac{8}{27} a^3 = ax'^2, \quad$ ou $\quad \tfrac{8}{27} a^2 = x'^2;$

d'où $\quad x' = \sqrt{\tfrac{8}{27}}\, a = \tfrac{1}{3}\sqrt{\tfrac{8}{3}}\, a.$

Il sera facile de trouver ensuite que

$$y' = \sqrt{\tfrac{4}{27}}\, a = \tfrac{2}{3}\sqrt{\tfrac{1}{3}}\, a.$$

Le *maximum* oK de y est donc $\sqrt{\tfrac{4}{27}}\, a$ et l'abscisse Co à laquelle il répond est $\sqrt{\tfrac{8}{27}}\, a$. Ces deux valeurs sont entre elles comme 1 est à $\sqrt{2}$, c'est-à-dire comme le côté d'un carré est à sa diagonale.

38. Pour avoir la valeur de la corde de l'oviforme qui répond au *maximum* de ses ordonnées,
il faut, dans l'équation $CI = \sqrt{x'^2 + y'^2}$, substituer à x' et à y' les valeurs que nous venons de
trouver, on aura

$$CI = \sqrt{\tfrac{8}{27} + \tfrac{4}{27}}\, a = \sqrt{\tfrac{12}{27}}\, a = \sqrt{\tfrac{4}{9}}\, a = \tfrac{2}{3} a\,;$$

c'est-à-dire que le point culminant K de la
courbe est distant du point C d'une quantité CK
égale aux deux tiers de l'axe CA.

39. Il serait facile aussi d'obtenir par le calcul
différentiel l'expression générale de la sous-tangente de l'oviforme.

Ayant trouvé $\dfrac{dx'}{dy'} = \dfrac{3y'(x'^2 + y'^2)^2}{2a^2x'^3 - 3x'(x'^2 + y'^2)^2}$, il
ne faudrait plus que multiplier cette équation
par y', et l'on aurait

$y'\dfrac{dx'}{dy'}$, ou la sous-tangente $= \dfrac{3y'^2(x'^2 + y'^2)^2}{2a^2x'^3 - 3x'(x'^2 + y'^2)^2}$.

Ou, en substituant à y'^2 et à $(x'^2 + y'^2)^2$ leurs
valeurs $x'\sqrt[3]{a^2x'} - x'^2$ et $ax'^2\sqrt[3]{ax'^2}$,

$$y'\frac{dx'}{dy'} = \frac{3(x'\sqrt[3]{a^2x'} - x'^2)ax'^2\sqrt[3]{ax'^2}}{2a^2x'^3 - 3ax'^3\sqrt[3]{ax'^2}}$$

$$= \frac{3(\sqrt[3]{a^2x'} - x')a\sqrt[3]{ax'^2}}{2a^2 - 3\sqrt[3]{ax'^2}}$$

$$= \frac{3(\sqrt[3]{a^2x'} - x')}{\dfrac{2a}{\sqrt[3]{ax'^2}} - 3} = \frac{\sqrt[3]{a^2x'} - x'}{\dfrac{2a}{3\sqrt[3]{ax'^2}} - 1}.$$

40. Si $x'=a$, la sous-tangente sera égale à zéro; la tangente passera par le point A et sera perpendiculaire à l'axe; elle se confondra avec l'asymptote qui, dans ce cas, touchera à la fois l'oviforme au point A et la nouvelle cissoïde à une distance infinie.

41. La tangente au point culminant de l'oviforme serait parallèle à l'axe, et la sous-tangente serait alors, par conséquent, infinie; ce qui supposerait que, dans sa valeur trouvée ci-dessus, le dénominateur serait égal à zéro. Faisant donc $\dfrac{2a}{3\sqrt[3]{ax'^2}} - 1 = 0$, on aurait

$$\frac{2a}{3\sqrt[3]{ax'^2}} = 1, \quad \text{ou} \quad 2a = 3\sqrt[3]{ax'^2},$$

ou $\dfrac{2}{3}a = \sqrt[3]{ax'^2}$, ou $\dfrac{8}{27}a^3 = ax'^2$, ou $\dfrac{8}{27}a^2 = x'^2$;

d'où $\qquad\qquad x' = \sqrt{\dfrac{8}{27}}\,a$;

résultat conforme à celui que nous avons trouvé (art. 37).

Tant que l'on aura $x' < \sqrt{\dfrac{8}{27}}a$, la sous-tangente sera positive et la tangente rencontrera le prolongement de l'axe à droite ou au-dessus du point C. Quand on aura $x' > \sqrt{\dfrac{8}{27}}a$, la sous-tangente sera négative et la tangente rencontrera le prolongement de l'axe au-dessous du point A.

42. On obtiendrait une expression plus simple si l'on cherchait la valeur de la partie de l'axe comprise entre son origine C et la tangente; il faudrait pour cela retrancher x' de la sous-tangente, ce qui donnerait

$$\frac{\sqrt[3]{a^2 x'} - x'}{\frac{2a}{3\sqrt[3]{ax'^2}} - 1} - x' = \frac{\sqrt[3]{a^2 x'} - x' - \frac{2ax'}{3\sqrt[3]{ax'^2}} + x'}{\frac{2a}{3\sqrt[3]{ax'^2}} - 1}$$

$$= \frac{\sqrt[3]{a^2 x'} - \frac{2ax'}{3\sqrt[3]{ax'^2}}}{\frac{2a}{3\sqrt[3]{ax'^2}} - 1} = \frac{\sqrt[3]{a^2 x'} \cdot 3\sqrt[3]{ax'^2} - 2ax'}{2a - 3\sqrt[3]{ax'^2}}$$

$$= \frac{ax'}{2a - 3\sqrt[3]{ax'^2}} = \frac{x'}{2 - 3\sqrt[3]{\frac{x'^2}{a^2}}} = \frac{x'}{2 - 3\left(\frac{x'}{a}\right)^{\frac{2}{3}}}.$$

L'expression générale de la partie de l'axe comprise entre le point C et la tangente est donc

$$\frac{x'}{2 - 3\left(\frac{x'}{a}\right)^{\frac{2}{3}}}.$$

Si l'on fait le dénominateur $2 - 3\left(\frac{x'}{a}\right)^{\frac{2}{3}} = 0$, on trouvera comme ci-dessus $x' = \sqrt{\frac{8}{27}} a$.

43. Si à la valeur $\dfrac{x'}{2 - 3\left(\frac{x'}{a}\right)^{\frac{2}{3}}}$ de la partie de

l'axe comprise entre le point C et la tangente, on rajoute l'abscisse x', on trouvera une valeur de la sous-tangente équivalente à celle que nous avons obtenue (art. 30), mais exprimée d'une manière plus simple. Ce sera

$$\frac{x'}{2 - 3\left(\frac{x'}{a}\right)^{\frac{2}{3}}} + x' = \frac{x' + 2x' - 3x'\left(\frac{x'}{a}\right)^{\frac{2}{3}}}{2 - 3\left(\frac{x'}{a}\right)^{\frac{2}{3}}}$$

$$= \frac{3x' - 3x'\left(\frac{x'}{a}\right)^{\frac{2}{3}}}{2 - 3\left(\frac{x'}{a}\right)^{\frac{2}{3}}} = 3x' \frac{1 - \left(\frac{x'}{a}\right)^{\frac{2}{3}}}{2 - 3\left(\frac{x'}{a}\right)^{\frac{2}{3}}}.$$

44. Tant que l'on aura $x' < \sqrt{\frac{8}{27}} a$, ou $< \frac{2}{3}^{\frac{3}{2}} a$, la quantité $\dfrac{x'}{2 - 3\left(\frac{x'}{a}\right)^{\frac{2}{3}}}$ sera positive et la

tangente ira rencontrer le prolongement de l'axe au-dessus du point C. Quand au contraire on

(31)

aura $x' > \sqrt{\dfrac{8}{27}}\,a$, la quantité $\dfrac{x'}{2-3\left(\dfrac{x'}{a}\right)^{\frac{2}{3}}}$ sera

négative et la tangente ira rencontrer le prolongement de l'axe au-dessous du point A. A
cette observation que nous avons déjà faite
(art. 41), nous croyons devoir maintenant ajouter celle-ci.

Cette manière de distinguer les quantités positives des négatives est directement contraire à
celle que nous avons suivie jusqu'ici pour la
nouvelle cissoïde, puisqu'à partir du point C
nous avons toujours regardé comme positives les
quantités mesurées de C vers A, et comme
négatives celles qui sont mesurées en sens contraire.

Pour faire cadrer au besoin avec les équations
de la nouvelle cissoïde, celles qui sont relatives
à l'oviforme, il sera donc nécessaire de faire à
celles-ci une rectification qui ne consistera au
surplus qu'à changer les signes des dénominateurs. Ainsi l'expression de la sous-tangente sera

$$3x'\,\frac{1-\left(\dfrac{x'}{a}\right)^{\frac{2}{3}}}{3\left(\dfrac{x'}{a}\right)^{\frac{2}{3}}-2},$$

et celle de la partie de l'axe comprise entre le

point C et la tangente sera

$$\frac{x'}{3\left(\frac{x'}{a}\right)^{\frac{2}{3}}-2}.$$

Ces nouvelles expressions seront en harmonie avec celles dont nous faisons usage pour la nouvelle cissoïde.

45. Parmi les propriétés de l'oviforme, celle qui établit entre cette courbe et la nouvelle cissoïde construite sur le même axe qu'elle, le rapport le plus important, est la suivante.

Si deux cordes CE, CI de la nouvelle cissoïde et de l'oviforme sont perpendiculaires l'une à l'autre, et que l'on tire la droite EI, elle sera tangente au point E de la nouvelle cissoïde. On voit qu'il n'est dans cette dernière courbe aucun point dont au moyen de l'oviforme il ne soit facile de déterminer la tangente.

46. La corde CI de l'oviforme étant en quelque sorte le lien commun des deux courbes, il nous sera quelquefois commode de lui donner une désignation particulière : nous la nommerons u.

On se rappellera que si des points E, I on mène respectivement dans les deux courbes les ordonnées EB, IO, les abscisses CB, CO seront relativement à CI ou à u les valeurs correspondantes de x et de x'.

Nous avons donc (art. 27)

$$u = \frac{x^2}{a} \quad \text{et} \quad x = \sqrt{au}.$$

Si dans l'équation $u = \frac{x^2}{a}$ on substitue à x sa

valeur $\sqrt[3]{a^2 x'}$, on aura

$$u = \sqrt[3]{a x'^2} \quad \text{et} \quad x' = \sqrt{\frac{u^3}{a}} = u \sqrt{\frac{u}{a}}$$

47. Nous ne nous permettrons plus, relativement à l'oviforme, qu'une seule observation.

Nous sommes convenus, à l'occasion de la nouvelle cissoïde, de regarder comme positives les ordonnées et autres lignes qui prennent leur direction au-dessus de l'axe CA; comme négatives celles qui la prennent au-dessous. La même distinction doit avoir lieu pour l'oviforme, puisque son axe est le même que celui de la nouvelle cissoïde, et qu'il la divise aussi en deux parties égales. Il suit de là que les valeurs de y' et de u, comme celles de y et de z, admettent concurremment les signes + et —; mais ils doivent, pour l'oviforme, s'écrire dans un sens opposé à celui que nous adopterions pour la nouvelle cissoïde. Il est évident, en effet, que les valeurs de y' et de u sont négatives lorsqu'elles se rapportent à la branche positive de l'autre courbe, et réciproquement. Rappelant donc ces valeurs

3

telles que nous les avons trouvées ci-dessus, il sera convenable de les poser de la manière suivante :

$$y' = \mp \sqrt{x'(\sqrt[3]{a^2 x'} - x')},$$

$$y' maximum = \mp \sqrt{\frac{4}{27}} a,$$

$$u = \mp \frac{x'^2}{a} = \mp \sqrt[3]{a x'^2}, \text{ etc.}$$

Revenons maintenant à notre proposition de l'article 27, qu'une digression un peu longue sur la courbe oviforme nous a pendant quelque temps fait perdre de vue.

48. Les triangles semblables CBE, EGH donnent

$$CE:BE::EG:GH, \quad \text{ou} \quad \frac{ay}{x}:y::\frac{tx}{a}:GH;$$

d'où $\qquad GH = \frac{tx^2}{a^2}.$

Donc

$$E'G \text{ ou } E'H - GH = t - \frac{tx^2}{a^2} = t\left(1 - \frac{x^2}{a^2}\right).$$

Si l'on prolonge la tangente EI jusqu'à ce qu'elle rencontre en N le prolongement de CD, les triangles semblables E'GE, ECN donneront

$$E'G : GE :: CE : CN,$$

ou $\qquad t\left(1 - \frac{x^2}{a^2}\right) : \frac{tx}{a} :: \frac{ay}{x} : CN;$

d'où
$$CN = \frac{a^2 y}{a^2 - x^2};$$

ou, en substituant à y sa valeur $\dfrac{x^2}{\sqrt{a^2 - x^2}}$,

$$CN = \frac{a^2 x^2}{(a^2 - x^2)^{\frac{3}{2}}}.$$

Ceci fournit un second moyen de mener une tangente à un point donné de la nouvelle cissoïde : il faut porter de C en N une quantité égale à $\dfrac{a^2 x^2}{(a^2 - x^2)^{\frac{3}{2}}}$ et tirer la ligne EN.

49. CN a deux valeurs égales, l'une positive, l'autre négative, et il est évident que c'est sa valeur négative qui répond à la branche positive de la nouvelle cissoïde, et réciproquement. Il convient donc d'écrire

$$CN = \mp \frac{a^2 x^2}{(a^2 - x^2)^{\frac{3}{2}}}.$$

50. La tangente EI coupe l'axe CA en un point V, et les triangles semblables EVB, NVC donnent

$$BE : CN :: BV : CV,$$

et $BE + CN : CN :: BV + CV : CV :: CB : CV,$

ou $\quad y + \dfrac{a^2 y}{a^2 - x^2} : \dfrac{a^2 y}{a^2 - x^2} :: x : CV;$

3..

d'où $\qquad CV = \dfrac{a^2 x}{2a^2 - x^2}$.

51. Pour avoir la valeur de BV, il faudrait retrancher CV de CB ou de x, et l'on aurait

$$BV = x - \frac{a^2 x}{2a^2 - x^2} = x\,\frac{a^2 - x^2}{2a^2 - x^2}.$$

52. BV est la sous-tangente. On la trouverait d'une manière plus directe en différenciant l'équation $y = \dfrac{x^2}{\sqrt{a^2 - x^2}}$ et en cherchant la valeur de $y\,\dfrac{dx}{dy}$. Ce calcul donnerait

$$y\,\frac{dx}{dy} \quad \text{ou} \quad BV = \frac{y^2(a^2 - x^2)^2}{2a^2 x^3 - x^5};$$

ou, en substituant à y^2 sa valeur $\dfrac{x^4}{a^2 - y^2}$, et réduisant, $BV = x\,\dfrac{a^2 - x^2}{2a^2 - x^2}$; résultat semblable à celui que nous venons d'obtenir.

53. Supposons qu'il soit question de mener une tangente au point F, où la nouvelle cissoïde rencontre le quart de circonférence AFD; on a dans ce cas (art. 13) $x = \dfrac{a}{\sqrt{2}}$. Substituant cette valeur de x dans les équations

$$CI \text{ ou } u = \mp \frac{x^2}{a}\,, \quad CN = \mp \frac{a^2 x^4}{(a^2 - x^2)^2}\,,$$

$$CV = \frac{a^2 x}{2a^2 - x^2}\,, \quad \text{et} \quad BV = x\,\frac{a^2 - x^2}{2a^2 - x^2}\,,$$

on trouvera

$$u = -\frac{a}{2}, \quad CN = -\sqrt{2}a,$$

$$CV = \frac{\sqrt{2}}{3}a, \quad \text{et} \quad BV = \frac{a}{3\sqrt{2}}.$$

On peut remarquer qu'ici CN est le double de x ou de CB.

54. Supposons encore que l'on veuille mener une tangente au point de la nouvelle cissoïde, où elle coupe la circonférence du cercle générateur AMC. On a dans ce cas (art. 14)

$$x = \frac{\sqrt{5}-1}{2}a,$$

et l'on trouvera, en substituant à x cette valeur dans les équations ci-dessus,

$$u = -\frac{3-\sqrt{5}}{2}a, \quad CN = -\sqrt{\frac{\sqrt{5}-1}{2}}a,$$

$$CV = \frac{3-\sqrt{5}}{2}a, \quad \text{et} \quad BV = (\sqrt{5}-2)a.$$

Il est à remarquer dans cet exemple, 1°. que u ou CI $=$ CV ;

2°. Que l'on aura aussi CN $=$ CE $= z$

En effet, nous avons vu (art. 14) que dans le cas où x est égal à $\frac{\sqrt{5}-1}{2}a$, on a

$$z = \sqrt{\frac{\sqrt{5}-1}{2}}a.$$

Les triangles ECN, VCI seront donc isoscèles, et la perpendiculaire qui serait menée du point C sur la tangente, diviserait chacun des deux angles ECN, VCI en deux parties égales.

55. Il peut sembler intéressant de savoir quel est le point de la branche CER dont la tangente serait perpendiculaire à la droite menée du point d'attouchement au point A.

Pour résoudre cette question, il faut considérer que, dans le cas supposé, le triangle AEV sera rectangle en E, et que l'on aura, par conséquent,

$$\overline{BE}^2 = AB \times BV;$$

mais

$$\overline{BE}^2 = y^2 = \frac{x^4}{a^2 - x^2}, \quad AB = CA - CB = a - x,$$

et

$$BV = x\,\frac{a^2 - x^2}{2a^2 - x^2} \quad (\text{art. } 51).$$

Il faut donc poser cette équation,

$$\frac{x^4}{a^2 - x^2} = (a - x)\,x\,\frac{a^2 - x^2}{2a^2 - x^2},$$

qui conduira définitivement à celle-ci :

$$x^4 - 2a^2x^2 - a^3x + a^4 = 0.$$

Cette dernière équation, qui est du quatrième degré et sans second terme, étant résolue, donnerait la valeur que doit avoir x pour satisfaire à la question.

Nous avons, par des méthodes approximatives, trouvé $x = 0,5249\,a$, ce qui donnerait

$$y = 0,3237\,a.$$

On trouverait ensuite la valeur de AE par cette équation

$$AE = \sqrt{\overline{BE}^2 + \overline{AB}^2} = \sqrt{y^2 + (a - x)^2},$$

qui nous a donné, par approximation,

$$AE = 0,57489\,a.$$

C'est la plus courte distance du point A à la nouvelle cissoïde.

56. On pourrait proposer beaucoup d'autres questions du même genre, et notamment encore celle-ci. Quel est le point de la branche CER de la nouvelle cissoïde dont la tangente fait des angles égaux avec l'axe CA et avec l'asymptote AP ?

Dans le cas supposé, on a nécessairement CN = CV. Substituant donc à ces deux quantités les valeurs que nous leur avons trouvées (art. 48 et 50), on aura

$$\frac{a^2 x^2}{(a^2 - x^2)^2} = \frac{a^2 x}{2a^2 - x^2}, \text{ ou } \frac{x}{(a^2 - x^2)^2} = \frac{1}{2a^2 - x^2};$$

ce qui donnera définitivement

$$x^6 - \frac{7}{2} a^2 x^4 + \frac{7}{2} a^4 x^2 - \frac{1}{2} a^6 = 0.$$

Cette équation qui, bien que du sixième degré, est résoluble par les méthodes du troisième, donnerait

$$x^2 = 0,170518\,a^2 \quad \text{et} \quad x = 0,412938\,a.$$

Il serait facile de trouver ensuite $0,187226\,a$ pour la valeur de y, et $0,225713\,a$ pour la valeur commune de CN et de CV.

Ainsi, si sur l'axe CA et sur CN parallèle à l'asymptote AP, on prend deux points qui soient chacun distans du point C de la quantité $0,225713\,a$, la ligne qui les unira étant prolongée, touchera la nouvelle cissoïde en un point qui aura $0,412938\,a$ pour abscisse, et $0,187226a$ pour ordonnée. On obtiendrait le même résultat si, à partir du point A, on prenait sur l'axe et sur l'asymptote deux parties égales à $a - 0,225713\,a$, ou à $0,774287\,a$.

57. Soit Ee (fig. 3) un élément infiniment petit de la nouvelle cissoïde CER; si par les points E, e on mène parallèlement à l'asymptote AP les droites BEF, bef, qui rencontrent l'axe CA aux points B, b, et le quart de circonférence AFD aux points F, f; qu'ensuite des points F, f on mène parallèlement à l'axe CA les droites FH, fh, qui rencontrent la ligne CD aux points H, h; qu'enfin on tire le rayon CF, il sera facile de prouver que l'espace cissoïdal EBbe compris entre les deux ordonnées BE, bc

sera égal à l'espace circulaire FH*hf* compris
entre les deux ordonnées FH , *fh*.

En effet , les élémens E*e*, F*f* de la nouvelle
cissoïde et du quart de circonférence AFD étant
infiniment petits, les espaces EB*be* , FH*hf* sont
évidemment entre eux :: BE × B*b* : FH × H*h*.

Mais $\quad$ BE $= y = \dfrac{x^2}{\sqrt{a^2 - x^2}}$;

donc l'espace

$$\text{EB}be = \frac{x^2}{\sqrt{a^2 - x^2}} \times \text{B}b.$$

Maintenant, les triangles semblables FBC,
FO*f* nous donnent

$$\text{FB : CB :: FO : O}f \text{ :: B}b \text{ : H}h,$$

ou, à cause que

$$\text{FB} = \sqrt{\overline{\text{CF}}^2 - \overline{\text{CE}}^2} = \sqrt{a^2 - x^2},$$

$$\sqrt{a^2 - x^2} : x :: \text{B}b : \text{H}h;$$

d'où $\quad$ H$h = \dfrac{x}{\sqrt{a^2 - x^2}} \times$ Bb.

Donc l'espace

$$\text{FH}hf = \text{FH} \times \frac{x}{\sqrt{a^2 - x^2}} \times \text{B}b;$$

mais $\quad$ FH $=$ CB $= x$;

donc enfin l'espace

$$FHhf = x \frac{x}{\sqrt{a^2 - x^2}} \times Bb = \frac{x^2}{\sqrt{a^2 - x^2}} \times Bb;$$

Les deux espaces EB*be*, FH*hf* sont donc représentés par deux valeurs égales et identiques; ils sont donc égaux entre eux.

58. Il résulte clairement de ce que nous venons de démontrer : 1°. que tout espace cissoïdal CBE, compris entre un arc CE de cette courbe, l'abscisse CB et l'ordonnée BE de son extrémité E, est égal au demi-segment circulaire correspondant FHD, puisque ces deux espaces sont composés d'un même nombre d'élémens correspondans infiniment petits et égaux chacun à chacun; 2°. que supposant enfin

$$CB \quad \text{ou} \quad x = CA = a,$$

on trouvera que l'aire cissoïdale entière comprise entre une branche de la nouvelle cissoïde, son axe et son asymptote, est égale au quart de cercle CAFD qui a l'axe CA pour rayon, ou, ce qui est la même chose, à la surface entière du cercle qui a l'axe CA pour diamètre.

59. On obtiendrait les mêmes résultats en intégrant la différentielle $y\,dx$, dans laquelle il faudrait préalablement substituer à y sa valeur $\frac{x^2}{\sqrt{a^2 - x^2}}$, ce qui donnerait $\frac{x^2 dx}{\sqrt{a^2 - x^2}}$.

Or, en intégrant par parties cette dernière quantité, on trouve

$$\int \frac{x^2 dx}{\sqrt{a^2 - x^2}} = -x\sqrt{a^2 - x^2} + \int \sqrt{a^2 - x^2}\, dx$$

$$= -x\sqrt{a^2 - x^2} + \int \frac{a^2 dx}{\sqrt{a^2 - x^2}} - \int \frac{x\, dx}{\sqrt{a^2 - x^2}};$$

d'où

$$2\int \frac{x^2 dx}{\sqrt{a^2 - x^2}} = -x\sqrt{a^2 - x^2} + \int \frac{a^2 dx}{\sqrt{a^2 - x^2}}$$

$$= -x\sqrt{a^2 - x^2} - a\int \frac{-a\, dx}{\sqrt{a^2 - x^2}}.$$

Mais

$$\int \frac{-a\, dx}{\sqrt{a^2 - x^2}} = \operatorname{arc}\left(\cos = \frac{x}{a}\right) + \text{constante};$$

donc

$$\int \frac{x^2 dx}{\sqrt{a^2 - x^2}} = -\frac{x}{2}\sqrt{a^2 - x^2} - \frac{a}{2}\operatorname{arc}\left(\cos = \frac{x}{a}\right) + c.$$

On déterminera la valeur de la constante, en faisant dans cette expression $x = 0$, ce qui la réduira à $\frac{a}{2} \cdot \frac{1}{4}$ circonf. Donc le secteur

$$\text{CBE} = \frac{a}{2} \cdot \frac{1}{4} \text{circonf.} - \frac{x}{2}\sqrt{a^2 - x^2} - \frac{a}{2}\operatorname{arc}\left(\cos = \frac{x}{a}\right);$$

mais le quart de cercle

$$\text{CAFD} = \frac{a}{2} \cdot \frac{1}{4} \text{circonf.},$$

le secteur

$$\mathrm{CAF} = \frac{a}{2} \operatorname{arc}\left(\cos = \frac{x}{a}\right) = \frac{a}{2} \operatorname{arc} \mathbf{AD},$$

et le triangle

$$\mathrm{CFH} = \frac{x}{2}\sqrt{a^2 - x^2}.$$

Donc le secteur cissoïdal

$$\mathrm{CBE} = \mathrm{CAFD} - \mathrm{CAF} - \mathrm{CFH} =$$
le demi-segment de cercle FHD.

Il ne faut plus que supposer $x = a$, pour voir que l'espace total compris entre la nouvelle cissoïde, son axe et son asymptote est égal au quart de cercle CAFD. Il est évident, en effet, que, dans cette supposition, le point F se confondant avec le point A, le secteur CAF et le triangle CFH s'évanouissent.

CHAPITRE II.

Rapports de la nouvelle Cissoïde avec celle de Dioclès.

———————

60. Pour comparer facilement entre elles l'ancienne et la nouvelle cissoïde, il convient de rapprocher ces deux courbes en les traçant concurremment sur une même figure, et en leur donnant la même origine, le même axe, la même asymptote : c'est ce que nous avons fait fig. 4. C*er* est la cissoïde de Dioclès, et CER la nouvelle cissoïde ; le point C est l'origine commune, CA l'axe commun, AP la commune asymptote ; les abscisses des deux courbes se mesurent également sur l'axe CA. Nous continuerons de nommer x, y, les abscisses et les ordonnées de la nouvelle cissoïde, et nous désignerons par x', y', celles de la cissoïde de Dioclès ; z' représentera aussi, au besoin, la corde de cette dernière courbe.

L'équation générale de la cissoïde de Dioclès, qui, comme on sait, est

$$x'^3 + y'^2 x' - a' y^2 = 0,$$

a par elle-même beaucoup d'analogie avec celle de la nouvelle cissoïde, qui est

$$x^4 + y^2x^2 - ay^4 = 0.$$

Chaque terme de la première ne diffère du terme correspondant de la seconde, qu'en ce que l'exposant d'un de ses facteurs est moindre d'une unité. Les valeurs du carré de l'ordonnée qui, dans les deux courbes, sont

$$\frac{x'^3}{a-x'} \quad \text{et} \quad \frac{x^4}{a^2-x^2},$$

présentent la même analogie, et on la retrouvera dans un grand nombre d'autres résultats.

L'équation de la cissoïde de Dioclès n'est que du troisième degré; celle de la nouvelle cissoïde est du quatrième. Il n'en est pas moins vrai que cette dernière est plus simple, parce que n'ayant point d'exposans impairs, elle se laisse traiter par les méthodes du second degré. L'équation

$$x = \sqrt{\sqrt{a^2y^2 + \frac{y^4}{4}} - \frac{y^2}{2}},$$

qui donne la valeur générale de ses abscisses, est incontestablement plus simple que l'équation correspondante de la cissoïde de Dioclès, qui serait

$$x' = \sqrt[3]{\frac{ay'^2}{2} + \sqrt{\frac{a^2 y'^2}{4} + \frac{y'^6}{27}}}$$

$$+ \sqrt[3]{\frac{ay'^2}{2} - \sqrt{\frac{a^2 y'^2}{4} + \frac{y'^6}{27}}}.$$

61. Si sur l'axe CA comme diamètre, on décrit une circonférence de cercle, ce cercle sera le cercle générateur de la cissoïde de Dioclès ; et nous avons vu (art. 5) qu'il peut être regardé aussi comme le cercle générateur de la nouvelle cissoïde.

Cette dernière courbe coupe en son milieu F le quart de circonférence AFD, qui a CA pour rayon. La cissoïde de Dioclès coupe en son milieu d la demi-circonférence AdC du cercle générateur, et les deux points d'intersection F, d sont sur une même sécante CQ, qui divise en deux parties égales l'angle droit ACD.

62. Si d'un point quelconque e de la cissoïde de Dioclès, on tire la corde Ce et l'ordonnée be, on aura

$$\overline{Ce}^2 = \overline{Cb}^2 + \overline{be}^2 \quad \text{ou} \quad z'^2 = x'^2 + y'^2,$$

ou en substituant à y'^2 sa valeur $\frac{x'^3}{a - x'}$,

$$z'^2 = x'^2 + \frac{x'^3}{a - x'} = \frac{ax'^2}{a - x'},$$

et $\qquad z = \sqrt{\dfrac{ax'^2}{a-x'}} = x' \sqrt{\dfrac{a}{a-x'}}$;

c'est l'expression générale de la corde de cette courbe.

On aurait CL par cette proportion

$$Cb : Ce :: CA : CL,$$

ou $\qquad x' : x' \sqrt{\dfrac{a}{a-x'}} :: a : CL$;

d'où $\qquad CL = a \sqrt{\dfrac{a}{a-x'}}$.

63. La cissoïde de Dioclès coupe le quart de circonférence AFD en un point G, et à ce point on a $z' = CG = a$. Comparant cette valeur de z' avec sa valeur générale, on aura

$$a = x' \sqrt{\dfrac{a}{a-x'}} ;$$

d'où $\qquad x'^2 + ax' - a^2 = 0,$

et par conséquent

$$x' = \frac{\sqrt{5}-1}{2} a ;$$

mais nous avons démontré (art. 14) que le point g où la nouvelle cissoïde coupe la demi-circonférence du cercle générateur, a aussi pour abscisse $\dfrac{\sqrt{5}-1}{2} a$: les deux points G, g répondent donc à une même abscisse Ch.

64. Il résulte de ce qui vient d'être dit (art. 61 et 63), que les quatre points F, d, G, g, où les deux cissoïdes rencontrent le quart de circonférence AFD et la demi-circonférence AdC, sont placés de manière que les deux premiers appartiennent à une même sécante, et que les deux derniers répondent à une même abscisse.

Il est évident aussi que

$$Cd = \frac{a}{\sqrt{2}} = FN.$$

65. Puisque $Ch = \frac{\sqrt{5}-1}{2} a$, on aura

$$\overrightarrow{Gh}^2 \text{ ou } \overrightarrow{CG}^2 - \overrightarrow{Ch}^2 = a^2 - \left(\frac{\sqrt{5}-1}{2}\right)^2 a^2$$

$$= a^2 - \frac{3-\sqrt{5}}{2} a^2 = a^2 \left(1 - \frac{3-\sqrt{5}}{2}\right)$$

$$= \frac{\sqrt{5}-1}{2} a^2 \text{, et } Gh = \sqrt{\frac{\sqrt{5}-1}{2}} a.$$

Mais nous avons vu (art. 15) que la nouvelle cissoïde coupe la droite DQ en un point I, tel que $DI = \sqrt{\frac{\sqrt{5}-1}{2}} a$; on aura donc

$$Gh = DI.$$

66. Supposons un moment que le point I est

4

celui où le prolongement de CG rencontre la droite DQ, les triangles semblables GhC, CDI, donneront

$$Gh : Ch :: CD : DI,$$

où $$\sqrt{\frac{\sqrt{5}-1}{2}}\,a : \frac{\sqrt{5}-1}{2}a :: a : DI;$$

d'où $$DI = \sqrt{\frac{\sqrt{5}-1}{2}}\,a = Gh.$$

Il suit de là que le prolongement de CG et la nouvelle cissoïde rencontrent en un même point I la droite DQ, ou, ce qui est la même chose, que le point G et le point I où la nouvelle cissoïde rencontre la droite DQ, appartiennent à une même sécante.

67. Si une corde quelconque Ce de la cissoïde de Dioclès est prolongée jusqu'à ce qu'elle rencontre la demi-circonférence du cercle générateur en M et l'asymptote en L, et que du point M on mène la droite MO parallèlement à l'axe, les triangles rectangles Cbe, MOL, seront parfaitement égaux, puisqu'ils sont semblables, et que par la nature de la courbe, leurs hypoténuses Ce, ML sont égales; on aura donc non seulement ML $= Ce = z'$ mais

$$MO = Cb = x' \quad \text{et} \quad OL = be = y'.$$

Le triangle MOL est pour la cissoïde de

Dioclès, ce qu'est pour la nouvelle cissoïde le triangle AML parfaitement égal au triangle CBE.

Les deux triangles MOL, AML, ont un côté commun ML, qui fournit à la fois à la cissoïde de Dioclès sa corde C*e*, et à la nouvelle cissoïde son ordonnée BE.

68. Il se présente deux moyens principaux de comparer entre elles les deux cissoïdes : c'est de mettre en rapport deux points de ces courbes, qui correspondent ou à une sécante ou à une abscisse commune. Nous emploierons successivement ces deux moyens ; mais pour rendre notre travail plus facile, nous croyons devoir le faire précéder par le lemme suivant.

69. *Lemme*. Soient deux demi-ellipses semblables AFDH, A*fd*C (fig. 5), qui, ayant la même origine A, et leurs centres C, *c*, placés avec le point A sur une même ligne droite AH, soient telles que les axes de la première soient doubles de ceux de la seconde. Si le quart d'ellipse AFD et la demi-ellipse A*fd*C sont coupés par une ordonnée et par une sécante communes BE, CF, et qu'on tire les ordonnées FG, *fg*, nous disons, 1°. que les ordonnées BE, B*e*, répondant à la même abscisse CB mesurée du point C, seront entre elles comme

$$\sqrt{BH} : \sqrt{CB} ;$$

2°. que les deux abscisses CG, C*g*, répondant

4..

aux points F, f situés sur la même sécante, seront en tel rapport entre elles, que CG sera moyenne proportionnelle entre CA et Cg, de manière qu'on aura

$$\overline{CG}^2 = CA \times Cg.$$

Démonstration. 1°. Les abscisses des deux ellipses se mesurant du centre C de la grande, si l'on fait

$$CA = a \quad \text{et} \quad CD \quad \text{ou} \quad 2cd = b,$$

l'équation de la grande ellipse sera

$$\overline{BE}^2 = \frac{b^2}{a^2}(a^2 - \overline{CB}^2),$$

et celle de la petite

$$\overline{Be}^2 = \frac{b^2}{a^2}(a \times CB - \overline{CB}^2;$$

on aura donc

$$\overline{BE}^2 : \overline{Be}^2 :: \frac{b^2}{a^2}(a^2 - \overline{CB}^2) : \frac{b^2}{a^2}(a \times CB - \overline{CB}^2)$$

$$:: a^2 - \overline{CB}^2 : a \times CB - \overline{CB}^2$$

$$:: (a + CB) \times (a - CB) : CB \times (a - CB)$$

$$:: a + CB : CB :: BH : CB,$$

et $\qquad$ BE : Be :: $\sqrt{BH} : \sqrt{CB}$.

2°. On a dans la grande ellipse

$$\overline{FG}^2 = \frac{b^2}{a^2}(a^2 - \overline{CG}^2),$$

et dans la petite

$$\overline{fg}^2 = \frac{b^3}{a^2}(a \times Cg - \overline{Cg}^2);$$

donc $\frac{b^3}{a^3}(a^2 - \overline{CG}^2) : \frac{b^3}{a^2}(a \times Cg - \overline{Cg}^2),$

ou $\quad a^2 - \overline{CG}^2 : a \times \overline{Cg}^2 - \overline{Cg}^2 :: \overline{FG}^2 : \overline{fg}^2.$

Mais à cause des triangles semblables

CFG, Cfg, FG $: fg :: $ CG $:$ Cg,

ou $\qquad \overline{FG}^2 : \overline{fg}^2 :: \overline{CG}^2 : \overline{Cg}^2;$

donc $a^2 - \overline{CG}^2 : a \times Cg - \overline{Cg}^2 :: \overline{CG}^2 : \overline{Cg}^2.$

Égalant le produit des extrêmes à celui des moyens, et réduisant, on trouvera

$$\overline{CG}^2 = CA \times Cg.$$

70. On peut réciproquement conclure de la première des deux démonstrations ci-dessus, qu'étant donnée dans la demi-ellipse AfdC, l'ordonnée Be répondant à l'abscisse CB; si une ordonnée du quart d'ellipse AFD se trouve être avec Be dans le rapport de $\sqrt{BH}$ à $\sqrt{CB}$, elle répondra à la même abscisse CB. En effet, si l'on prolonge l'ordonnée Be jusqu'à ce qu'elle rencontre en E le quart d'ellipse AFD, nous venons de voir que l'ordonnée BE sera avec Be

dans le rapport de $\sqrt{\overline{BH}} : \sqrt{\overline{CB}}$; elle sera donc égale à l'ordonnée en question ; mais si ces deux ordonnées n'étaient pas la même, et ne répondaient pas à la même abscisse, il y aurait dans le quart d'ellipse AFD deux ordonnées différentes de même longueur, ce qui est impossible.

71. On démontrerait par un raisonnement semblable que si deux abscisses CG, Cg, du quart d'ellipse AFD et de la demi-ellipse AfdC, sont entre elles dans un tel rapport, que la première soit moyenne proportionnelle entre la seconde et CA ; les points F, f, répondant à ces abscisses, appartiendront nécessairement à une même sécante CF.

72. Nous allons maintenant mettre en rapport deux points E, e, (fig. 4) de la nouvelle et de l'ancienne cissoïde, situés sur une même sécante CL. Nous désignerons respectivement leurs abscisses CB, Cb par x, x' ; leurs ordonnées BE, be par y, y' ; leurs cordes CE, Ce par z, z'.

Il est clair qu'à cause des triangles semblables CBE, Cbe, on aura

$$CE : Ce :: CB : Cb :: BE : be,$$

ou
$$z : z' :: x : x' :: y : y';$$

mais les triangles semblables ALM, CAM, donnent

$$AL : LM :: CA : AM,$$

ou $$z : z' :: a : x;$$

on aura donc aussi

1°. $$a : x :: x : x';$$

d'où $\quad x' = \dfrac{x^2}{a}$ et $x = \sqrt{ax'};$

2°. $$a : x :: y : y';$$

d'où $\quad y' = \dfrac{xy}{a}$ et $y = \dfrac{ay'}{x}$

73. De cette proportion

$$a : x :: x : x',$$

on peut conclure celle-ci :

$$a : a - x :: x : x - x';$$

d'où $\quad x - x' = \dfrac{ax - x^2}{a};$

c'est l'expression générale de la partie Bb de l'axe comprise entre les deux abscisses CB, Cb. La même valeur exprimée en x' serait

$$\sqrt{ax'} - x'.$$

74. Nous avons vu (art. 67) que

$$C e \text{ ou } z' = LM = BE = y;$$

mais $\quad y = \dfrac{x^2}{\sqrt{a^2 - x^2}}$

Donc aussi $\quad z' = \dfrac{x^3}{\sqrt{a^2 - x^2}}$,

ou, en substituant à x sa valeur $\sqrt{ax'}$,

$$z' = \frac{ax'}{\sqrt{a^2 - ax'}}, \text{ ou } z'^2 = \frac{a^3 x'^3}{a^3 - ax'} = \frac{ax'^3}{a - x'},$$

et $\quad\quad\quad\quad z' = x' \sqrt{\dfrac{a}{a - x'}}.$

75. Si l'on retranche la valeur de z' exprimée en x, de celle de z qui est $\dfrac{ax}{\sqrt{a^2 - x^2}}$, on aura

$$z - z' = \frac{ax}{\sqrt{a^2 - x^2}} - \frac{x^3}{\sqrt{a^2 - x^2}} = \frac{ax - x^3}{\sqrt{a^2 - x^2}}.$$

C'est l'expression générale de la partie Ee d'une sécante commune qui est comprise entre les deux courbes. La même valeur exprimée en x' serait

$$\frac{a\sqrt{ax'} - ax'}{\sqrt{a^2 - ax'}}, \text{ ou } \frac{a\sqrt{x'} - \sqrt{ax'}}{\sqrt{a - x'}}.$$

76. Nous avons vu (art. 72) que $x' = \dfrac{x^2}{a}$; c'est-à-dire que x est moyenne proportionnelle entre a et x'. De cette observation rapprochée de celle que nous avons faite (art. 71), on est fondé à conclure que si, par le point e de la cissoïde de Dioclès, on fait passer une demi-ellipse qui ait CA ou a pour premier axe, le

point E de la nouvelle cissoïde appartiendra à une autre demi-ellipse qui aura pour demi-axes les axes de la première.

77. Nous avons démontré (art. 27) que pour mener une tangente à un point donné E de la nouvelle cissoïde, dont x est l'abscisse, il faut, sur la perpendiculaire Ci menée du point C à la corde CE, prendre une partie $Ci = \frac{x^2}{a}$ et tirer la droite Ei. Mais (art. 72) Cb ou x' est aussi égale à $\frac{x^2}{a}$; donc, si les deux cissoïdes sont coupées aux points E, e par une sécante commune, et qu'ayant mené du point e l'ordonnée eb, on porte l'abscisse Cb ou x' de C en i sur une direction perpendiculaire à la sécante commune CE, la droite Ei menée par les points E, i sera tangente au point E de la nouvelle cissoïde.

78. Il nous reste à mettre en rapport deux points E, e (fig. 6) des deux cissoïdes, répondant à une abscisse commune CB. Cette abscisse commune, nous la nommerons simplement x; pour distinguer les ordonnées, nous ferons

$$BE = y \quad et \quad Be = y'.$$

79. Nous savons que

$$y^2 = \frac{x^4}{a^2 - x^2} \quad et \quad que \quad y'^2 = \frac{x^3}{a - x};$$

on aura donc

$$y^2 : y'^2 :: \frac{x^4}{a^2-x^2} : \frac{x^3}{a-x} :: x^4 : a^3x + x^4 :: x : a+x,$$

et $y : y' :: \sqrt{x} : \sqrt{a+x} :: \sqrt{CB} : \sqrt{CA+CB}.$

80. Le rapport que nous venons de trouver entre les ordonnées y, y' ou BE, Be, étant absolument le même que celui qui existe (art. 69) entre les ordonnées, répondant à une même abscisse de deux ellipses semblables, dont l'une a ses axes doubles de ceux de l'autre, il résulte de ce qui a été observé (art. 70) que, si par le point E de la nouvelle cissoïde, on fait passer une ellipse qui ait CA pour premier axe, le point e de la cissoïde de Dioclès appartiendra à une ellipse semblable, dont CA sera le premier demi-axe.

81. Cette dernière observation rapprochée de celle qui a été faite (art. 76), suffit pour nous convaincre que si les deux cissoïdes sont coupées par deux ellipses semblables AOC, Aeo, qui ayant CA, la première pour axe, la seconde pour demi-axe, aient leur second axe dans un rapport quelconque avec le premier, leurs intersections E, e, M, m, avec ces deux ellipses, seront telles, qu'elles répondront, les deux premières E, e à une même abscisse CB, les deux autres M, m à une même sécante CL.

Ainsi se généralise une propriété que nous n'avions démontrée (art. 64) que pour le cercle générateur AdC comparé au quart de circonférence AFD.

82. De la proportion $y : y' :: \sqrt{x} : \sqrt{a+x}$, il résulte,

1°. Qu'on aura toujours

$$y = y'\sqrt{\frac{x}{a+x}}, \text{ et } y' = y\sqrt{\frac{a+x}{x}};$$

2°. Que l'on aura aussi cette proportion :

$$\sqrt{x} : \sqrt{a+x} - \sqrt{x} :: y : y' - y;$$

d'où $$y' - y = y\frac{\sqrt{a+x} - \sqrt{x}}{\sqrt{x}};$$

ou, en substituant à y sa valeur $\frac{x^2}{\sqrt{a^2-x^2}}$,

$$y' - y = \frac{x^2}{\sqrt{a^2-x^2}} \times \frac{\sqrt{a+x} - \sqrt{x}}{\sqrt{x}}$$

$$= x\frac{\sqrt{ax+x^2} - x}{\sqrt{a^2-x^2}}.$$

C'est l'expression générale de la partie d'une ordonnée commune comprise entre les deux courbes.

83. Etant donné sur la nouvelle cissoïde un point dont l'abscisse est x, nous avons vu (art. 75) que la partie comprise entre les deux courbes,

de la sécante passant par ce point, est $\dfrac{ax - x^2}{\sqrt{a^2 - x^2}}$;
et nous venons de voir que la partie comprise
entre les deux courbes de l'ordonnée commune
menée par le même point, est $x\dfrac{\sqrt{ax + x^2} - x}{\sqrt{a^2 - x^2}}$.

Si l'on suppose $x = \dfrac{\sqrt{5} - 1}{2} a$, les deux quan-
tités $\dfrac{ax - x^2}{\sqrt{a^2 - x^2}}$, $x\dfrac{\sqrt{ax + x^2} - x}{\sqrt{a^2 - x^2}}$ seront égales. En
effet, elles sont affectées du même dénomina-
teur; et, par la substitution à x de $\dfrac{\sqrt{5} - 1}{2} a$, les
numérateurs deviennent l'un comme l'autre
$(\sqrt{5} - 2)a^2$.

Mais (art. 14) le point de la nouvelle cis-
soïde qui a $\dfrac{\sqrt{5} - 1}{2} a$ pour abscisse, est celui où
cette courbe rencontre la demi-circonférence
ADC du cercle générateur. Il s'ensuit donc
que, si du point où la nouvelle cissoïde rencontre la demi-circonférence du cercle générateur, on mène à la cissoïde de Dioclès deux
droites dirigées, l'une vers le point C, l'autre
parallèlement à l'asymptote, ces deux droites
seront égales. Leur valeur commune est facile à
trouver; c'est $\sqrt{\dfrac{5\sqrt{5} - 11}{2}} a$.

84. On peut comparer aussi les abscisses de deux points des deux cissoïdes qui répondent à deux ordonnées égales, ou qui se trouvent sur une même parallèle à l'axe. Nous savons que l'expression générale de ces abscisses est pour la nouvelle cissoïde,

$$x = \sqrt{\sqrt{a^2y^2 + \frac{y^4}{4}} - \frac{y^2}{2}},$$

et pour la cissoïde de Dioclès,

$$x' = \sqrt[3]{\frac{ay'^2}{2} + \sqrt{\frac{ay'^4}{4} + \frac{y'6}{27}}}$$
$$+ \sqrt[3]{\frac{ay'^2}{2} - \sqrt{\frac{a^2y'^4}{4} + \frac{y'6}{27}}}.$$

Si l'on représente donc par y les deux ordonnées égales, et par x, x', les abscisses correspondantes, on aura la différence de ces abscisses,

ou
$$x - x' = \sqrt{\sqrt{a^2y^2 + \frac{y^4}{4}} - \frac{y^2}{2}}$$
$$- \sqrt[3]{\frac{ay^2}{2} + \sqrt{\frac{a^2y^4}{4} + \frac{y^6}{27}}}$$
$$- \sqrt[3]{\frac{ay^2}{2} - \sqrt{\frac{a^2y^4}{4} + \frac{y^6}{27}}}.$$

85. L'application directe de cette équation générale à des cas particuliers, jeterait dans des

calculs fastidieux et pénibles. On peut cependant trouver par des procédés plus simples tant
de valeurs de $x - x'$ que l'on voudra, si, dans
le choix des exemples, on veut s'assujettir à la
marche suivante.

On commencera par assigner à x' une valeur
quelconque, moindre cependant que a. On
cherchera la valeur correspondante de y' par
l'équation $y' = x' \sqrt{\dfrac{x'}{a - x'}}$. Faisant ensuite
$y = y'$, on trouvera par l'équation

$$x = \sqrt{\sqrt{a^2 y^2 + \frac{y^4}{4}} - \frac{y^2}{2}}$$

la valeur de x, et il ne s'agira plus que d'en retrancher celle de x'.

86. La quantité $x - x'$ a un *maximum* qui
se trouve à peu de distance de l'axe. Nous n'a-
vons point cherché à le déterminer par des méthodes analytiques ; mais en multipliant les
tentatives indiquées (art. 85), nous nous sommes assurés que ce *maximum* diffère très peu de
$0,126988\,a$. Il se trouve sur une parallèle à
l'axe, qui en est distante de $0,359309\,a$, et la
valeur correspondante de x' ne diffère pas d'un
dix-millième de $0,4212\,a$.

Nous avons reconnu aussi qu'aux approches
de son *maximum*, la quantité $x - x'$ ne croît

plus pendant quelque temps que par des degrés
peu sensibles.

87. Si, par un point quelconque e de la cissoïde de Dioclès, on fait passer une ellipse AeC
qui ait CA ou a pour premier axe, et dont
nous désignerons le second axe par β'; la droite
Ce, qui sera à la fois la corde de la cissoïde et
celle de l'ellipse, sera moyenne proportionnelle
entre l'abscisse CB et le second axe de l'ellipse,
ou entre x' et β'.

En effet, la droite Be, considérée comme ordonnée de l'ellipse qui a pour axes a et β', est
égale à $\dfrac{\beta'}{a}\sqrt{ax' - x'^2}$; et cette même droite, considérée comme ordonnée de la cissoïde de Dio-
clès, est égale à $x'\sqrt{\dfrac{x'}{a-x'}}$. Comparant entre
elles ces deux valeurs de Be, on aura

$$\frac{\beta'}{a}\sqrt{ax' - x'^2} = x'\sqrt{\frac{x'}{a-x'}},$$

ou, en élevant au carré

$$\frac{\beta'^2}{a^2}(ax' - x'^2) = \frac{x'^3}{a-x'},$$

ou $$\frac{\beta'^2}{a^2}(a-x') = \frac{x'^2}{a-x'}$$

ou $$a^2 x'^2 = \beta'^2 (a-x')^2;$$

d'où $$\beta'^2 = \frac{a^2 x'^2}{(a-x')^2} \quad \text{et} \quad \beta' = \frac{ax'}{a-x'}$$

Or, la corde Ce, qui (art. 74) est égale à

$$x'\sqrt{\frac{a}{a-x'}},$$

est évidemment moyenne proportionnelle entre x' et $\frac{ax'}{a-x'}$, ou entre x' et β.

88. Nous avons vu (art. 17) que toute ellipse qui sera construite sur CA ou a, comme premier demi-axe, coupera la nouvelle cissoïde en un point tel, que le demi-diamètre dirigé sur ce point sera moyen proportionnel entre a et le second demi-axe de l'ellipse, et que ce second demi-axe sera égal à $\frac{ax^2}{a^2 - x^2}$.

Nous pouvons respectivement conclure de ce qui vient d'être dit, que toute ellipse qui sera construite sur CA ou a comme premier axe, coupera la cissoïde de Dioclès en un point tel, que la corde dirigée sur ce point sera moyenne proportionnelle entre l'abscisse x' de ce même point et le second axe de l'ellipse, et que ce second axe sera égal à $\frac{ax'}{a-x'}$.

89. Il suit aussi que tout point de la cissoïde de Dioclès appartient à une ellipse qui a CA ou a pour premier axe, et pour second axe une quantité $\beta' = \frac{ax'}{a-x'}$.

90. Chaque point e de la cissoïde de Dioclès

appartient aussi à une seconde ellipse Aeo, qui a CA ou a pour premier demi-axe, et pour second demi-axe une quantité que nous nommerons b'.

La droite Be considérée comme ordonnée de cette ellipse, qui a a et b' pour premier et pour second demi-axes, est égale à

$$\frac{b'}{a}\sqrt{a^2 - x'^2},$$

et la même droite, considérée comme ordonnée de la cissoïde de Dioclès, est égale à

$$x'\sqrt{\frac{x'}{a-x'}}.$$

Comparant entre elles ces deux valeurs de Be, on aura

$$\frac{b'}{a}\sqrt{a^2 - x'^2} = x'\sqrt{\frac{x'}{a-x'}};$$

on en élevant au carré,

$$\frac{b'^2}{a^2}(a^2 - x'^2) = \frac{x'^3}{a-x'},$$

ou $a^2 x'^3 = b'^2(a^2 - x^2)(a-x')$
$= b'^2(a+x')(a-x')(a-x')$
$= b'^2(a+x')(a-x)^2;$

d'où $b'^2 = \frac{a^2 x'^3}{(a+x')(a-x')^2} = \frac{a^2 x'^2}{(a-x')^2}\frac{x'}{a+x'}$

et $\qquad b' = \frac{ax'}{a-x'}\sqrt{\frac{x'}{a+x'}}.$

5

Tout point de la cissoïde de Dioclès appartient donc à une ellipse qui a CA ou a pour premier demi-axe, et pour second demi-axe une quantité

$$b' = \frac{ax'}{a - x'} \sqrt{\frac{x'}{a + x'}}$$

91. Il suit des deux articles précédens que tout point de la cissoïde de Dioclès peut être regardé comme l'intersection de deux ellipses qui ont l'axe CA ou a, la première pour premier axe, l'autre pour premier demi-axe, et qui ont la première, pour second axe une quantité

$$\beta' = \frac{ax'}{a - x'},$$

la seconde, pour second demi-axe une quantité

$$b' = \frac{ax'}{a - x} \sqrt{\frac{x'}{a + x'}}.$$

92. Il est digne de remarque que le second demi-axe b' d'une des ellipses qui s'entre-coupent à un point de la cissoïde de Dioclès a une valeur $\frac{ax'}{a - x'} \sqrt{\frac{x'}{a + x'}}$ semblable à celle $\frac{ax}{a - x} \sqrt{\frac{x}{a + x}}$, que nous avons trouvée (art. 22) pour le second axe β de l'une des deux ellipses, dont un point de la nouvelle cissoïde est l'intersection; de sorte que, si l'on met en rapport

deux points des deux cissoïdes répondant à une abscisse commune que l'on pourra nommer simplement x, les deux valeurs ci-dessus seront identiques.

On a déjà pu conclure de ce que nous avons dit (art. 81), que deux points des deux cissoïdes répondant à une abscisse commune, appartiennent à deux ellipses semblables; celle de la nouvelle cissoïde ayant a pour premier axe, et celle de l'autre courbe ayant a pour premier demi-axe; mais nous n'avions pas encore déterminé quelles étaient, relativement à l'abscisse commune x, les valeurs des seconds axes de ces ellipses. Maintenant nous savons que

la même quantité $\frac{ax}{a-x}\sqrt{\frac{x}{a+x}}$ est le second

axe de la première et le second demi-axe de la seconde.

93. Ne perdons pas de vue qu'en même temps que les intersections E, e, répondent à une abscisse commune CB, les deux autres M, m, appartiennent à une même sécante CL, et réciproquement.

Nous avons déterminé (art. 79) le rapport qu'ont entre elles les deux ordonnées BE, Be, et (art. 72) celui qui existe entre les abscisses CH, Ch, ainsi qu'entre les ordonnées MH, mh; mais il peut sembler intéressant de lier ces différentes observations, de manière, par exemple, que connaissant la valeur de CB, que nous nommerons ici exclusivement x, il soit aisé de trouver celles de CH, Ch, MH, mh. Cherchons d'abord quelle est la valeur de CH; et, pour cela, comparons entre elles celles de MH, d'abord comme ordonnée de la nouvelle cissoïde, et ensuite comme ordonnée de l'ellipse qui, mesurant ses abscisses de son centre C, a pour demi-axes a et β.

La première de ces valeurs est

$$\frac{\overline{CH}^2}{\sqrt{a^2 - \overline{CH}^2}},$$

et la seconde

$$\frac{\beta}{a} \sqrt{a^2 - \overline{CH}^2}.$$

Posons donc l'équation

$$\frac{\overline{CH}^2}{\sqrt{a^2 - \overline{CH}^2}} = \frac{\beta}{a} \sqrt{a^2 - \overline{CH}^2},$$

ou $\qquad \overline{CH}^2 = \frac{\beta}{a}(a^2 - \overline{CH}^2),$

ou $\qquad a \times \overline{CH}^2 = a^2\beta - \beta \times \overline{CH}^2,$

ou $\qquad a \times \overline{CH}^2 + \beta \times \overline{CH}^2 = a^2\beta;$

d'où $\qquad \overline{CH}^2 = \frac{a^2\beta}{a+\beta}$

et $\qquad CH = a\sqrt{\frac{\beta}{a+\beta}}.$

On peut trouver Ch par la proportion

$$a : CH :: CH : Ch,$$

ou $\qquad a : a\sqrt{\dfrac{\beta}{a+\beta}} :: a\sqrt{\dfrac{\beta}{a+\beta}} : Ch;$

d'où $\qquad\qquad Ch = a\,\dfrac{\beta}{a+\beta}.$

Nous avons donc les valeurs des abscisses CH, Ch en quantités connues. En effet, x étant donné, β est connu, puisque l'on a

$$\beta = \frac{ax}{a-x}\sqrt{\frac{x}{a+x}}.$$

Si l'on voulait avoir les valeurs de CH et de Ch exprimées directement en x, il faudrait dans les équations

$$CH = a\sqrt{\frac{\beta}{a+\beta}} \quad \text{et} \quad Ch = a\,\frac{\beta}{a+\beta},$$

substituer à β sa valeur $\dfrac{ax}{a-x}\sqrt{\dfrac{x}{a+x}}$.

Les abscisses CH, Ch étant connues, il sera facile de trouver les valeurs des ordonnées correspondantes MH, mh.

94. La cissoïde de Dioclès étant une courbe bien connue, nous ne devons nous permettre de rappeler ici ses propriétés qu'autant qu'elles nous feront apercevoir de nouveaux rapports

entre elle et la nouvelle cissoïde. Nous avons (art. 77) trouvé dans ces rapports un moyen de mener des tangentes à la nouvelle cissoïde. Nous allons maintenant faire sortir de la même source la démonstration des méthodes que l'on peut employer pour mener des tangentes à la cissoïde de Dioclès.

95. *Problème*. Par un point donné e (fig. 7) de la cissoïde de Dioclès, on demande qu'il soit mené une tangente à cette courbe.

Solution. Du point C, tirez la corde Ce et la droite indéfinie CI qui lui soit perpendiculaire. Abaissez l'ordonnée eb, et les droites Cb, eb, Ce étant, comme ci-dessus, représentées par x', y', z', faites $Ci = x' \frac{\sqrt{ax'}}{2a - x'}$. Tirez enfin la droite ei, elle sera tangente au point e.

Démonstration. Soit prolongée la corde Ce jusqu'à ce qu'elle rencontre en L l'asymptote AP, et en E la nouvelle cissoïde CER ayant CA pour axe ; si l'on abaisse l'ordonnée EB et que l'on désigne, comme ci-dessus, les lignes CB, EB, CE par x, y, z, nous avons vu (art. 72) que l'on aura

$$x' = \frac{x^2}{a} \quad \text{et} \quad y' = \frac{xy}{a}.$$

Nous savons d'ailleurs que $z' = y$. Si l'on fait $CI = \frac{x^2}{a} = x'$ et que l'on tire la droite EI, elle sera (art. 77) tangente au point E de la nouvelle cissoïde.

Supposons maintenant que CB ou x augmente d'une quantité infiniment petite BB', et que EB ou y augmente en conséquence de la quantité infiniment petite SE'; EE' sera un élément infiniment petit de la nouvelle cissoïde, et sa direction se confondra avec celle de la tangente EL.

Si l'on tire l'oblique CE'L' qui rencontrera en L' l'asymptote AP et en e' la cissoïde de Dioclès, ee' sera un élément infiniment petit de cette courbe, et sa direction déterminera celle de la tangente au point e.

Que l'on fasse CH = CE et Ch = Ce, et que l'on tire les droites EH, eh, on pourra considérer ces deux droites infiniment petites comme étant perpendiculaires à la fois aux deux droites CL, CL'.

Soient prolongées les ordonnées BE, be jusqu'à ce qu'elles rencontrent aux points G, g l'oblique CL', et du point E soit menée parallèlement à CA la droite ES qui rencontre B'E' en S. Supposons enfin que T est le point où la même droite B'E' est rencontrée par l'oblique CL. Nous avons à démontrer que la droite $e'e$ étant prolongée, rencontrera la droite CI en un point i tel, que l'on aura

$$Ci = x' \frac{\sqrt{ax'}}{2a - x'}.$$

$e'h$ est la différentielle de Ce ou de z'; mais $z' = y$; on a donc $e'h = dy = E'S$; il est évident aussi que $ES = dx$.

Tout cela posé, nous avons, à cause des triangles semblables EBV, E'SE,

$$BE : BV :: E'S : ES,$$

ou

$$y : \frac{a^2x - x^3}{2a^2 - x^2} :: dy : dx;$$

d'où

$$dx = dy \frac{a^2x - x^3}{2a^2y - x^2y}.$$

Les triangles semblables CBE, EST donnent

$$CB : BE :: ES : ST,$$

ou

$$x : y :: dy \frac{a^2x - x^3}{2a^2y - x^2y} : ST;$$

d'où

$$ST = dy \frac{a^2 - x^2}{2a^2 - x^2}.$$

Donc

$$E'S - ST, \text{ ou } ET, \text{ ou } EG = dy - dy \frac{a^2 - x^2}{2a^2 - x^2}$$

$$= dy \left(1 - \frac{a^2 - x^2}{2a^2 - x^2} \right) = dy \frac{a^2}{2a^2 - x^2}.$$

D'ailleurs, à cause des parallèles BE, be, nous avons

$$CB : Cb :: EG : eg,$$

ou $\qquad x : \dfrac{x^3}{a} :: dy\,\dfrac{a^3}{2a^2-x^2} : eg$;

d'où $\qquad eg = dy\,\dfrac{ax}{2a^2-x^2}$

Les triangles semblables Cbe, ehg, donnent

$$Ce : Cb :: eg : eh,$$

ou $\qquad y : \dfrac{x^3}{a} :: dy\,\dfrac{ax}{2a^2-x^2} : eh$;

d'où $\qquad eh = dy\,\dfrac{x^3}{2a^2y-x^2y}$

Les mêmes triangles semblables donnent encore $\qquad Ce : be :: eg : gh$,

ou $\qquad y : \dfrac{xy}{a} :: dy\,\dfrac{ax}{2a^2-x^2} : gh$,

d'où $\qquad gh = dy\,\dfrac{x^2}{2a^2-x^2}$.

Donc $\qquad e'h - gh$,

ou $\quad e'g = dy - dy\,\dfrac{x^3}{2a^2-x^2}$.

$$= dy\left(1-\dfrac{x^2}{2a^2-x^2}\right) = dy\,\dfrac{2a^2-2x^2}{2a^2-x^2}.$$

Enfin, à cause des triangles semblables $e'he$,
eCi, nous avons

$$e'h : eh :: Ce : Ci,$$

ou $\qquad dy : dy\,\dfrac{x^3}{2a^2y-x^2y} :: y : Ci$;

d'où $\qquad Ci = \dfrac{x^3}{2a^2-x^2}$.

Voilà bien une valeur de Ci ; mais elle est

exprimée en x, variable étrangère à la cissoïde de Dioclès. Il nous reste donc à substituer dans l'équation $Ci = \frac{x^3}{2a^2 - x^2}$ à x, sa valeur $\sqrt{ax'}$, et nous aurons définitivement

$$Ci = \frac{\sqrt{ax'^3}}{2a - x'} = x'\frac{\sqrt{ax'}}{2a - x'}.$$

96. Les triangles semblables $e'ge$, eCn donnent $\quad e'g : eg :: Ce : Cn$,

ou $\quad dy\frac{2a^2 - 2x^2}{2a^2 - x^2} : dy\frac{ax}{2a^2 - x^2} :: y : Cn$,

ou $\quad\quad\quad\quad :: \frac{x^2}{\sqrt{a^2 - x^2}} : Cn$;

d'où $\quad\quad\quad Cn = \frac{\frac{1}{2}ax^3}{(a^2 - x^2)^{\frac{3}{2}}};$

ou, en substituant à x sa valeur $\sqrt{ax'}$,

$$Cn = \frac{1}{2}a\left(\frac{x'}{a - x'}\right)^{\frac{3}{2}}.$$

Nous avons donc un second moyen de mener une tangente au point e: il faudra porter de C en n une quantité $Cn = \frac{1}{2}a\left(\frac{x'}{a - x'}\right)^{\frac{3}{2}}$, et tirer la droite en.

97. Les triangles semblables nme, nCu, donnent $\quad nm : em :: Cn : Cu$,

ou $\quad\quad Cn + y' : x' :: Cn : Cu$,

ou

$$\frac{1}{2} a \left(\frac{x'}{a-x'}\right)^{\frac{3}{2}} + x' \sqrt{\frac{x'}{a-x'}} : x' :: \frac{1}{2} a \left(\frac{x'}{a-x'}\right)^{\frac{3}{2}} : Cu ;$$

ou , en élevant au carré ,

$$\frac{1}{4} a^2 \left(\frac{x'}{a-x'}\right)^3 + \frac{ax'^3}{(a-x')^2} + \frac{x'^3}{a-x'} : x'^3 :: \frac{1}{4} a^2 \left(\frac{x'}{a-x'}\right)^3 : \overline{Cu}^2 ;$$

mais le premier terme de cette proportion est égal à

$$x'^3 \left(\frac{\frac{1}{4} a^2}{(a-x')^3} + \frac{a}{(a-x')^2} + \frac{1}{a-x'} \right)$$

$$= x'^3 \frac{\frac{1}{4} a^2 + a^2 - ax' + a^2 - 2ax' + x'^2}{(a-x')^3}$$

$$= x'^3 \frac{\frac{9}{4} a^2 - 3ax' + x'^2}{(a-x')^3} = x'^3 \frac{(\frac{3}{2} a - x')^2}{(a-x')^3}.$$

Substituant cette valeur dans la proportion ci-dessus, on aura

$$x'^3 \frac{(\frac{3}{2} a - x')^2}{(a-x')^3} : x'^2 :: \frac{1}{4} a^2 \left(\frac{x'}{a-x'}\right)^3 : \overline{Cu}^2 ,$$

ou $\quad x'^3 \left(\frac{3}{2} a - x'\right)^2 : x'^2 :: \frac{1}{4} a^2 x'^3 : \overline{Cu}^2 ,$

ou $\quad \left(\frac{3}{2} a - x'\right)^2 : x'^2 :: \frac{1}{4} a^2 : \overline{Cu}^2 ,$

ou, en tirant la racine carrée,

$$\frac{3}{2} a - x' : x' :: \frac{1}{2} a : Cu ;$$

d'où $\qquad Cu = \frac{ax'}{3a - 2x'}.$

C'est l'expression générale de la partie de l'axe comprise entre la tangente et le point C.

98. Si l'on veut avoir la valeur de bu, on observera que

$$bu = Cb - Cu = x' - \frac{ax'}{3a - 2x'} = \frac{2ax' - 2x'^2}{3a - 2x'}$$
$$= 2x' \frac{a - x'}{3a - 2x'}.$$

C'est l'expression générale de la partie de l'axe comprise entre la tangente et l'ordonnée, c'est-à-dire de la sous-tangente.

99. Si l'on voulait trouver la valeur de la sous-tangente par le calcul différentiel, il faudrait différencier l'équation $y'^2 = \frac{x'^3}{a - x'}$; ce qui donnerait

$$2y' dy' = \frac{3(a - x') x'^2 dx' + x'^3 dx'}{(a - x')^2} ;$$

d'où il est facile d'induire que $y' \frac{dx'}{dy'}$, ou la sous-tangente $= \frac{2y'^2 (a - x')^2}{3ax'^2 - 2x'^3}$, ou (en substituant à y'^2 sa valeur $\frac{x'^3}{a - x'}$) $= 2x' \frac{a - x'}{3a - 2x'}$, résultat semblable à celui que nous venons de trouver (art. 98).

100. Si l'on se rappelle que l'ordonnée BE de la nouvelle cissoïde est égale à la corde Ce de la cissoïde de Dioclès, on reconnaîtra facilement que la droite BE se trouve placée, relativement

au point e, de la même manière que l'asymptote AP l'est relativement au point E. En effet, si, d'une part, on a CE $=$ AL, on a de l'autre $Ce =$ BE.

Il suit de là que si, sur CB comme axe, et sur BE comme asymptote, on décrivait une nouvelle cissoïde, elle passerait par le point e et y couperait la cissoïde de Dioclès Cer. Si l'abscisse CB augmentait au point de devenir égale à CA, le point de rencontre des deux cissoïdes serait infiniment éloigné ; et, au lieu de s'y couper, ces deux courbes s'y toucheraient, parce que l'angle qu'elles formeraient entre elles serait alors infiniment petit. Mais dans le cas dont nous parlons, la nouvelle cissoïde construite sur CB comme axe, ne différerait plus de la nouvelle cissoïde CER ; et l'on conçoit en effet que les deux courbes CER, Cer, ayant la même asymptote AP, se confondraient avec elle l'une et l'autre à une distance infinie.

101. Si du point b on mène parallèlement à la corde Ce une ligne bk qui coupe la droite CI en un point k, et que l'on tire la droite ek, elle serait (art. 27) tangente au point e de la nouvelle cissoïde, qui aurait CB pour axe et BE pour asymptote. L'angle iek formé par les deux tangentes ie, ke, est aussi celui que la cissoïde de Dioclès Cer formerait avec la nouvelle cissoïde que nous supposons, et qui la couperait au

point e; c'est ce même angle qui deviendra infiniment petit quand on aura $CB = CA$.

Nous savons que

$$Ck = \frac{\overline{Cb}}{cB} = \frac{x'^2}{x} = \frac{x'^2}{\sqrt{ax'}} = x'\sqrt{\frac{x'}{a}}.$$

Si de $Ck = x'\sqrt{\frac{x'}{a}}$, on retranche $Ci = x'\frac{\sqrt{ax'}}{2a-x'}$, on aura

$$ik = x'\sqrt{\frac{x'}{a}} - x'\frac{\sqrt{ax'}}{2a-x'} = x'\left(\sqrt{\frac{x'}{a}} - \frac{\sqrt{ax'}}{2a-x'}\right)$$

$$= x'\frac{2a\sqrt{x'}-x'\sqrt{x'}-a\sqrt{x'}}{\sqrt{a}(2a-x')}$$

$$= x'\frac{a\sqrt{x'}-x'\sqrt{x'}}{\sqrt{a}(2a-x')} = x'\frac{\sqrt{x'}(a-x')}{\sqrt{a}(2a-x)}$$

Si l'on suppose $x' = a$, on trouvera $ik = 0$.

102. Si l'on voulait savoir quel est le point e de la cissoïde de Dioclès, dont la tangente eu est perpendiculaire à la droite Ae, il faudrait considérer que dans ce cas le triangle Aeu sera rectangle en e, et que l'on aura par conséquent

$$\overline{be}^2 = Ab \times bu;$$

mais $\quad \overline{be}^2 = \frac{x'^3}{a-x'}, \quad Ab = a-x'$

et $\quad\quad bu = 2x'\frac{a-x'}{3a-2x'};$

on aura donc

$$\frac{x'^3}{a-x'} = (a-x')\,2x'\,\frac{a-x'}{3a-2x'},$$

ou

$$x'^3 = 2x'\,\frac{(a-x')^3}{3a-2x'},$$

ou

$$x'^2 = \frac{2(a-x')^3}{3a-2x'},$$

équation que l'on réduira facilement à cette forme

$$x'^2 - 2ax' + \tfrac{2}{3}a^2 = 0.$$

Cette équation du second degré étant résolue, donnera

$$x' = \frac{\sqrt{3}-1}{\sqrt{3}}\,a;$$

cette valeur de x' substituée dans l'équation

$$y' = x'\sqrt{\frac{x'^2}{a-x'}},$$

donnera

$$y' = \sqrt{\frac{6\sqrt{3}-10}{3}}\,a.$$

On trouvera la valeur de Ae par cette équation :

$$\text{Ae} = \sqrt{\overline{Ab}^2 + \overline{be}^2} = \sqrt{(a-x')^2 + y'^2}$$

$$= \sqrt{\tfrac{1}{3} + \frac{6\sqrt{3}-10}{3}} = \sqrt{\frac{6\sqrt{3}-9}{3}}\,a$$

$$= \sqrt{2\sqrt{3}-3}\,a,$$

ou par approximation,

$$Ae = 0,68125\,a.$$

C'est la plus courte distance du point A à la cissoïde de Dioclès C*er*.

La plus courte distance du même point A à la nouvelle cissoïde CER, a été trouvée (art. 55) de $0,57489\,a$. La différence entre ces deux distances est $0,10636\,a$.

103. S'il fallait trouver le point de la cissoïde de Dioclès, dont la tangente fait des angles égaux avec l'axe et avec l'asymptote, on ferait

$$Cn = Cu, \quad \text{ou} \quad \tfrac{1}{2}a\left(\frac{x'}{a-x'}\right)^{\frac{3}{2}} = \frac{ax'}{3a - 2x'}.$$

Cette équation conduit à celle-ci :

$$x'^3 - 3ax'^2 + \frac{21}{8}a^2x' - \frac{a^3}{2} = 0.$$

Cette dernière équation, qui est du troisième degré, étant résolue, donnerait

$$x' = \left(1 - \sqrt[3]{\frac{2-\sqrt 2}{32}} - \sqrt[3]{\frac{2+\sqrt 2}{32}}\right)a,$$

ou, par approximation, $x' = 0,26216\,a$; il sera facile de trouver ensuite $0,15626\,a$ pour la valeur de y', et $0,10589\,a$ pour la valeur commune de C*n* et de C*u*.

Si l'on prend donc sur l'axe et sur CN parallèle à l'asymptote, deux points qui soient l'un et l'autre distans de 0,10589 a du point C, la droite qui les unira, étant prolongée, touchera la cissoïde de Dioclès en un point dont l'abscisse sera

0,26289 a, et l'ordonnée 0,15626 a.

On obtiendrait le même résultat si, à partir du point A, on prenait sur l'axe et sur l'asymptote deux parties égales à a — 0,10589 a ou à 0,89411 a.

104. On démontre facilement, par le calcul intégral, que l'aire cissoïdale CgFH (fig. 8) comprise entre un arc CgF de la cissoïde de Dioclès CFr, l'ordonnée FH de son extrémité F, et l'abscisse CH, est égale à trois fois le demi-segment circulaire CHNG , moins quatre fois le triangle CHN; et comme dans la supposition que CH $=$ l'axe CA , il arrive, 1°. que le demi - segment circulaire CHNG devient le demi-cercle générateur AMC; 2°. que le triangle CHN s'évanouit , il suit que l'aire totale comprise entre la cissoïde de Dioclès CFr, son axe CA et son asymptote AP est égale à trois fois la surface du demi-cercle générateur AMG.

105. On pourrait, par les méthodes ordi-

6

naires, démontrer la même proposition, en s'y prenant comme il suit :

Par un point quelconque E de la cissoïde de Dioclès, soient menées l'ordonnée EB et l'oblique CL, qui rencontre en M la demi-circonférence du cercle générateur, et en L l'asymptote AP. Si, par un autre point e de la cissoïde CEr infiniment proche du point E, on tire une autre oblique CeL′, qui rencontre en N la demi-circonférence du cercle générateur, et en L′ l'asymptote; que l'on tire les droites AM, AN, dont la dernière coupera au point O la droite CL; que du point E on mène perpendiculairement à CE la droite EI, et de plus, parallèlement à CL′, la droite El qui rencontre l'asymptote en l; qu'enfin on désigne respectivement comme ci-dessus, les lignes CA, CB, BE, CE, par les lettres a, x', y', z', il est clair que MO sera la différentielle de la corde CM du cercle générateur ou de son égale EL; nous la nommerons pour simplifier t.

Nous avons vu précédemment que

$$CE, \text{ ou } ML, \text{ ou } z' = x'\sqrt{\frac{a}{a-x'}};$$

$$\text{que } CL = a\sqrt{\frac{a}{a-x'}}; \text{ que } AM = \sqrt{ax'};$$

nous avons de plus CM, ou EL,

ou $\quad CL - ML = a\sqrt{\dfrac{a}{a-x'}} - x'\sqrt{\dfrac{a}{a-x'}}$

$$= \sqrt{a^2 - ax'}.$$

LEeL$'$ est un élément de l'aire cissoïdale; il se trouve divisé par la ligne El en deux parties, qui sont le triangle ELl et le quadrilatère ElL$'e$.

Le triangle ELl est parfaitement égal au triangle CMN. En effet, les côtés EL, CM sont égaux; les angles LEl, MCN le sont aussi, et les côtés Ll, MN, étant infiniment petits, peuvent être considérés comme parallèles.

Tous les élémens infiniment petits possibles de l'aire cissoïdale contiennent une partie triangulaire égale au triangle correspondant CMN, qui a son sommet au point C et sa base sur la demi-circonférence du cercle générateur. La somme de tous les triangles CMN est égale à la surface du demi-cercle générateur AMC. Toutes les parties triangulaires des élémens de l'aire cissoïdale sont donc égales ensemble à la surface du demi-cercle générateur.

Cherchons maintenant quelle est la surface du quadrilatère ElL$'e$. Elle est évidemment représentée par EL $\times$ El.

À cause des triangles semblables AMC, MON, nous avons

$$AM : CM :: MO : NO,$$

6..

ou $\qquad \sqrt{ax'} : \sqrt{a^2 - ax'} :: t : NO ;$

d'où $\qquad NO = t\sqrt{\dfrac{a-x'}{x'}}.$

A cause des parallèles ON, EI, on a aussi

$$CO : CE :: NO : EI,$$

ou à cause que CO diffère infiniment peu de CM,

$$CM : CE :: NO : EI,$$

ou $\sqrt{a^2 - ax'} : x'\sqrt{\dfrac{a}{a-x'}} :: t\sqrt{\dfrac{a-x'}{x}} : EI ;$

d'où $\qquad EI = t\sqrt{\dfrac{x'}{a-x'}}.$

Substituant donc dans l'équation

$$ElL'e = EL \times EI, \text{ à EL et à EI,}$$

leurs valeurs $\sqrt{a^2 - ax'}$ et $t\sqrt{\dfrac{x'}{a-x'}}$, on aura

$$ElL'e = \sqrt{a^2 - ax'} \times t\sqrt{\dfrac{x'}{a-x'}} = t\sqrt{ax'}.$$

Le triangle AMN est égal à

$$\tfrac{1}{2}MO \times AM = \tfrac{1}{2}t\sqrt{ax'}.$$

Le quadrilatère ElL'e est donc double du triangle AMN; mais tous les triangles AMN

ayant leur sommet commun en A , et leurs
bases prises successivement sur toutes les parties de la circonférence AMC du demi-cercle
générateur, leur somme est égale à la surface de
ce demi-cercle. Toutes les parties quadrangu-
laires des élémens de l'aire cissoïdale sont donc
ensemble égales à deux fois la surface du demi-
cercle générateur AMC.

L'aire comprise entre la cissoïde de Dioclès
CEr, son axe et son asymptote se compose donc ,
1°. d'une infinité de triangles ELl, dont la somme
est égale à la surface du demi-cercle générateur AMC ; 2°. d'une infinité de quadrilatères
ElL'e, dont la somme est égale à deux fois la
même surface. Cette aire entière est donc égale
à trois fois la surface du demi-cercle générateur.
Nous remarquerons que le triangle ElL sera
exactement égal à la moitié du quadrilatère
ElL'e, ou qu'il sera plus petit ou plus grand
que cette moitié, selon que la partie infiniment
petite MN de la demi-circonférence AMC sera
à égales distances des points C, A , plus près du
point C, ou plus près du point A.

106. Nous avons vu (art. 58 et 59) que l'aire
comprise entre la nouvelle cissoïde, son axe et
son asymptote, est égale à la surface de son
cercle générateur, ou à deux fois la moitié de
cette surface. Il suit de là , et de ce qui vient

d'être dit dans les deux articles précédens, que, si l'ancienne et la nouvelle cissoïde sont décrites sur le même axe et sur la même asymptote, l'espace qu'elles laisseront entre elles sera égal à la moitié de la surface de leur cercle générateur. Cette aire, celle de la nouvelle cissoïde et celle de la cissoïde de Dioclès seront entre elles exactement comme les nombres 1, 2 et 3.

CHAPITRE III.

Rapports de la nouvelle Cissoïde avec la parabole, l'hyperbole équilatère et autres courbes.

———————

107. Nous avons reconnu, dans les deux chapitres précédens, que la nouvelle cissoïde a des rapports assez remarquables avec le cercle, avec l'ellipse, et surtout avec la cissoïde de Dioclès. Il nous reste à parler de ceux qu'elle a pareillement avec un grand nombre d'autres courbes. Soit CA (fig. 9) une droite d'une longueur déterminée à volonté, et soient CD, AP deux perpendiculaires indéfinies menées sur les deux extrémités de cette droite. Si, prenant sur CD tant de points D qu'on voudra, on mène par chacun de ces points, parallèlement à CA, une droite DF, et qu'on la fasse moyenne proportionnelle entre la constante CA et la variable CD; que l'on tire la droite CF qui, prolongée, s'il est nécessaire, rencontre AP en L, et qu'on fasse CE = DF. Il a été démontré dans le chapitre premier, 1°. que pour chaque oblique CF, on aura toujours AL = DF = CE;

2°. que tous les points E appartiendront à une nouvelle cissoïde CER, qui aura CA pour axe et AP pour asymptote; 3°. que chaque point E appartiendra aussi à une ellipse AED, qui aura respectivement CA et CD pour demi-axes, et dont le demi-diamètre CE sera moyen proportionnel entre ses deux demi-axes.

Mais quelle sera la courbe CFS qui passera par tous les points F? Il est évident que ce sera une parabole dont CA sera le paramètre, puisque, par construction, chacune DF de ses ordonnées sera moyenne proportionnelle entre la constante CA et l'abscisse CD.

On voit qu'ayant à comparer la nouvelle cissoïde CER avec la parabole CFS, et ne pouvant reconnaître pour axe de celle-ci d'autre ligne que CD, nous pourrons aussi nous trouver obligés de mesurer sur CD, et non plus sur CA, les abscisses de la nouvelle cissoïde, ce qui nous mettra dans la nécessité d'adopter pour cette dernière courbe l'équation que nous avons indiquée (art 16) $x^2 - \frac{y^4}{a^2-y^2} = 0$. Il conviendra aussi, dans ce cas, de réunir dans une seule et même courbe les deux branches de la nouvelle cissoïde qui se trouvent placées à droite et à gauche de la nouvelle ligne des abscisses CD : la courbe aura de cette sorte deux asymptotes, qui seront parallèles entre elles et à la droite CD.

108. Soit donc une parabole CFS dont CA soit le paramètre. Si, par chacun de ses points F, on tire l'ordonnée FD et la corde CF, et que l'on fasse CE $=$ DF, tous les points E formeront une nouvelle cissoïde qui aura AP pour asymptote, et dont CA sera l'axe, que l'on pourrait aussi nommer paramètre. Les ordonnées de la parabole deviendront ainsi les cordes correspondantes de la nouvelle cissoïde. On ne peut guère imaginer entre deux courbes une relation plus intime.

109. Si, réciproquement, on prend sur le prolongement d'une corde CE de la nouvelle cissoïde CER un point F, tel que sa distance perpendiculaire FD à la droite CD, soit égale à la corde CE, tous les points F formeront une parabole dont l'axe CA de la nouvelle cissoïde sera le paramètre.

110. Soit CFS une parabole ayant CA pour paramètre. Si, par un quelconque F de ses points, on tire la corde CF et l'ordonnée DF prolongée indéfiniment, et qu'on fasse DG $=$ CF, tous les points G appartiendront à une hyperbole équilatère CGT, qui aura CA pour axe.

En effet,

$$\overline{CF}^2 = \overline{DF}^2 + \overline{CD}^2, \quad \text{et} \quad \overline{DF}^2 = CA \times CD;$$

donc $\qquad \overline{CF}^2 = CA \times CD + \overline{CD}^2.$

mais $\quad CF = DG$, ou $\overline{CF}^2 = \overline{DG}^2$;

on aura donc

$$\overline{DG}^2 = CA \times CD + \overline{CD}^2.$$

Or, cette équation est celle de l'hyperbole équi-latère, qui a CA pour axe.

Si l'on fait $CE = DF$, nous avons vu que le point E appartiendra à une nouvelle cissoïde CER, ayant CA pour axe; et puisque l'on a d'une part $DG = CF$, de l'autre $CE = DF$, il est évident que l'on aura aussi $FG = FE$. Donc, si par un point quelconque F de la parabole CFS, on mène la corde CF et l'ordonnée FD; que l'on porte ensuite une ouverture de compas égale à $CF - DF$; 1°. de F en G sur la direction de l'ordonnée DF; 2°. de F en E sur la corde CF, tous les points G formeront une hyperbole équi-latère; tous les points E formeront une nouvelle cissoïde, et ces deux dernières courbes auront l'une et l'autre pour axe le paramètre de la parabole.

111. Il suit de là qu'une des trois courbes CER, CFS, CGT, étant donnée, il sera toujours facile de tracer les deux autres.

Nous venons de voir ce qu'il faudra faire, si c'est la parabole CFS qui est donnée.

Si c'est la nouvelle cissoïde CER, il faudra prolonger chaque corde CE jusqu'à ce qu'on ait

FD $=$ CE, puis faire DG $=$ CF. Les points F formeront la parabole; les points G formeront l'hyperbole équilatère.

Si c'est l'hyperbole CGT qui est donnée, il faudra porter l'ouverture de compas DG de C en F, tirer CF et faire CE $=$ DF, ou FE $=$ FG : tous les points F appartiendront à la parabole, tous les points E à la nouvelle cissoïde.

Cette dernière a, comme l'on voit, avec l'hyperbole équilatère, des rapports assez remarquables, quoique moins immédiats que ceux qui la rattachent à la parabole. Comme l'hyperbole équilatère, elle a d'ailleurs deux asymptotes; mais les siennes sont parallèles, et celle de l'hyperbole équilatère, au contraire, se coupent à angles droits.

112. La parabole peut être regardée comme le lien intermédiaire et commun de la nouvelle cissoïde et de l'hyperbole équilatère; mais ses rapports avec ces deux courbes ne sont pas parfaitement semblables. Ils ont bien cela de commun entre eux, que l'ordonnée DG de l'hyperbole équilatère est égale à la corde CF de la parabole, comme l'ordonnée DF de la parabole est égale à la corde CE de la nouvelle cissoïde; mais il y a cette différence essentielle, que le point G de l'hyperbole équilatère et le point correspondant F de la parabole, sont sur une même direction d'ordonnées, et se rapportent

à une abscisse commune CD, tandis que les points F, E de la parabole et de la nouvelle cissoïde sont sur une même direction de cordes, et ne se rapportent point à une abscisse commune. La corde CF se porte sur la direction de l'ordonnée DF; mais la corde CE ne se porte pas sur la direction de l'ordonnée IE. Il faut, pour déterminer le point F, couper le prolongement de la corde CE par une parallèle à la droite CD, qui en soit distante d'une quantité égale à CE.

Cette différence nous a induit à imaginer deux séries de courbes se rattachant l'une et l'autre à la parabole.

La première se composera de courbes ayant toutes l'une avec l'autre, et de proche en proche, les mêmes rapports qui existent entre la parabole et l'hyperbole équilatère.

La seconde série se composera de courbes ayant toutes l'une avec l'autre, et de proche en proche, les mêmes rapports qui existent entre la parabole et la nouvelle cissoïde.

113. Occupons-nous d'abord de la première série; et, pour nous faire une idée plus précise des courbes qui doivent la composer, jetons les yeux sur la figure 10.

CFS étant la parabole, que nous prenons pour point de partance, la série dont elle est l'origine se partage en deux sections, qui sont l'une et l'autre infinies.

Nous ferons d'abord une observation qui s'applique aux courbes des deux sections; c'est que chacune d'elles est coupée en deux parties égales par l'axe CD, et que la figure n'en présente qu'une moitié.

La première section qui se concentre tout entière au dedans de la parabole, se compose des courbes CED, C*ed*, C*ed'*, etc., qui sont toutes fermées, et qui deviennent de plus en plus petites, jusqu'à ce que leur succession continuée à l'infini se termine au point C en une droite infiniment petite.

La seconde section, qui s'étend au dehors de la parabole, se compose des courbes CET, C*e'*V, C*ε'*X, etc., qui sont toutes ouvertes, et qui s'ouvriront de plus en plus, jusqu'à ce qu'après une succession infinie, elles se confondent avec la droite CA.

Nous plaçons la parabole à l'origine des deux sections, parce que dans la série générale, elle forme le point de partage entre les courbes fermées et les courbes ouvertes. Elle participe elle-même de la nature des unes et des autres; car, si, d'une part, on ne peut la représenter que comme ouverte, on peut, de l'autre, la considérer comme une ellipse, dont les axes sont infinis.

Nous allons examiner comment seront produites successivement les unes par les autres les courbes de chaque section.

114. *Première section.* Une droite C*h* étant adoptée comme abscisse commune, toutes les ordonnées correspondantes devant par conséquent se réunir sur une même direction *hf* parallèle à CA, et le point *f* étant l'intersection de la droite *hf* avec la parabole CFS, on portera l'ouverture de compas *hf* de C en E, et le point E appartiendra à la courbe CED, qui suit immédiatement la parabole. On portera ensuite l'ouverture de compas *h*E de C en *e*, et le point *e* appartiendra à la seconde courbe C*ed*. On portera pareillement l'ouverture de compas *he* de C en ε, et le point ε appartiendra à la troisième courbe Cεδ, et ainsi de suite.

Il faut observer cependant que tant qu'on opérera dans ce sens, on ne pourra pas continuer long-temps de se servir de la même abscisse C*h*, parce que les nouvelles courbes devenant de plus en plus petites, échapperont bientôt tout-à-fait à la direction *hf*.

On conçoit en effet que s'il arrive (et cela arrivera nécessairement tôt ou tard) qu'une ordonnée *h*ε devienne plus petite que C*h*, l'ouverture de compas *h*ε portée de C vers *hf*, n'atteindra point jusqu'à cette ligne, et ne pourra par conséquent la couper en aucun point. Il faudra donc, si l'on veut aller plus loin, abandonner l'abscisse C*h*, et en adopter successivement d'autres qui seront de plus en plus petites jusqu'à l'infini.

115. La première courbe CED sera un cercle ayant pour diamètre CD ou CA, c'est-à-dire le paramètre de la parabole. En effet, hf, ordonnée de la parabole, étant moyenne proportionnelle entre CD et Ch, la corde CE égale à hf sera aussi moyenne proportionnelle entre CD et Ch, et par conséquent le point E appartiendra à la circonférence d'un cercle qui a CD pour diamètre.

116. La seconde courbe Ced sera une ellipse dont le premier axe Cd sera égal à la moitié de CD ou à $\frac{a}{2}$, et dont le second axe parallèle à CA sera $\frac{a}{\sqrt{2}}$. Il est évident en effet que la courbe Ced se fermera en d, au point de CD, répondant à celui de la courbe CED, dont l'abscisse et l'ordonnée sont égales; c'est-à-dire au centre d. Le premier axe Cd de la courbe Ced est donc égal à $\frac{\text{CD}}{2}$.

D'un autre côté,

$$\overline{he}^2 = \overline{Ce}^2 - \overline{Ch}^2, \text{ et } \overline{Ce}^2 = \overline{hE}^2 = Dh \times Ch$$
$$= (2Cd - Ch) \times Ch = 2Cd \times Ch - \overline{Ch}^2;$$

on aura donc

$$\overline{he}^2 = 2Cd \times Ch - \overline{Ch}^2 - \overline{Ch}^2$$
$$= 2Cd \times Ch - 2\overline{Ch}^2 = 2(Cd \times Ch - \overline{Ch}^2).$$

et $\quad he = \sqrt{2}\sqrt{Cd \times Ch - \overline{Ch}}.$

$$= \frac{\frac{a}{\sqrt{2}}}{\frac{a}{2}}\sqrt{Cd \times Ch - \overline{Ch}}.$$

Or, cette équation est celle d'une ellipse, dont $\frac{a}{2}$ et $\frac{a}{\sqrt{2}}$ sont respectivement le premier et le second axe, dont Ch est l'abscisse, et he l'ordonnée. Donc, etc.

117. Après l'ellipse Ced, on trouvera ensuite d'autres ellipses qui décroîtront successivement, jusqu'à celle qui, terminant une succession infinie, se concentrerait au point C en une droite parallèle à CA et infiniment petite.

Toutes ces ellipses auront successivement pour premier axe $\frac{a}{2}, \frac{a}{3}, \frac{a}{4}$, etc., et respectivement pour second axe, $\frac{a}{\sqrt{2}}, \frac{a}{\sqrt{3}}, \frac{a}{\sqrt{4}}$, etc. Nous allons le démontrer d'une manière générale, en partant d'une ellipse qui aura pour premier et pour second axe $\frac{a}{n}$ et $\frac{a}{\sqrt{n}}$, n étant une valeur numérique quelconque, le nombre 2, par exemple.

1°. Pour avoir le premier axe de l'ellipse sui-

vante, il faut chercher dans la précédente quelle
est l'abscisse à laquelle son ordonnée est égale :
or, l'expression générale de cette ordonnée est

$$\frac{\frac{a}{\sqrt{n}}}{\frac{a}{n}}\sqrt{\frac{a}{n}x-x^2};$$

si l'on fait cette quantité $=x$, on en tirera facilement cette autre équation $x=\dfrac{a}{n+1}$. Ainsi le
premier axe que l'on cherche est $\dfrac{a}{n+1}$.

2°. Le premier axe de l'ellipse nouvellement
produite étant $\dfrac{a}{n+1}$, dont la moitié est $\dfrac{a}{2n+2}$,
le second demi-axe de cette ellipse sera l'ordon-
née qui répond à l'abscisse $\dfrac{a}{2n+2}$; mais si l'on
cherche l'ordonnée de l'ellipse précédente, qui
répond à la même abscisse, on la trouvera égale
à $\dfrac{\sqrt{n+2}}{2n+2}a$. Cette ordonnée devenant la corde
de la nouvelle ellipse, pour avoir l'ordonnée
correspondante de celle-ci, il faut, du carré de
cette corde $\dfrac{\sqrt{n+2}}{2n+2}a$, retrancher le carré de
l'abscisse $\dfrac{a}{2n+2}$, et tirer la racine carrée de la
différence. On trouvera, par cette opération, le

7

second demi-axe de la nouvelle ellipse :

$$= \frac{\sqrt{n+1}}{2n+2}\, a = \frac{\sqrt{n+1}}{2(n+1)}\, a = \frac{a}{2\sqrt{n+1}}.$$

Le second axe de cette ellipse sera donc $\dfrac{a}{\sqrt{n+1}}$.

Il est clair que les ellipses suivantes auront pour premier axe

$$\frac{a}{n+2}, \quad \frac{a}{n+3}, \quad \frac{a}{n+4}, \quad \text{etc.} ;$$

et respectivement pour second axe

$$\frac{a}{\sqrt{n+2}}, \quad \frac{a}{\sqrt{n+3}}, \quad \frac{a}{\sqrt{n+4}}, \quad \text{etc.}$$

Donc, si comptant o à la parabole et 1 au cercle, qui peut être considéré comme une ellipse dont les axes sont égaux, on désigne par les numéros 2, 3, 4, 5, etc., les ellipses qui suivent, et que l'on nomme généralement n le numéro d'une quelconque de ces ellipses, ses premier et second axes seront $\dfrac{a}{n}$ et $\dfrac{a}{\sqrt{n}}$.

L'équation générale de toutes ces ellipses sera donc

$$r^2 = \frac{\left(\dfrac{a}{\sqrt{n}}\right)^2}{\left(\dfrac{a}{n}\right)^2}\left(\frac{a}{n}x - x^2\right) = \frac{\dfrac{a^2}{n}}{\dfrac{a^2}{n^2}}\left(\frac{a}{n}x - x^2\right)$$

$$= n\left(\frac{a}{n}x - x^2\right) = ax - nx^2.$$

118. Cette équation s'applique très bien au cercle, pour lequel on a $n = 1$, ce qui réduit l'équation à celle-ci : $y^2 = ax - x^2$, c'est-à-dire à celle du cercle. Les deux axes du cercle peuvent être considérés comme égaux, l'un à $\frac{a}{1}$, l'autre à $\frac{a}{\sqrt{1}}$.

La même équation s'applique à la parabole, pour laquelle on a $n = 0$, ce qui fait évanouir le terme nx^2; il reste $y^2 = ax$, qui est l'équation de la parabole.

Les deux axes de la parabole sont $\frac{a}{0}$ et $\frac{a}{\sqrt{0}}$, c'est-à-dire qu'ils sont tous les deux infiniment grands, avec cette distinction cependant, que ces deux infinis sont de deux ordres différens, de telle sorte qu'une troisième proportionnelle au premier axe $\frac{a}{0}$, et au second $\frac{a}{\sqrt{0}}$ est égale à a, ce qui suppose que $\frac{a}{0}$ est infiniment grand par rapport à $\frac{a}{\sqrt{0}}$ autant que $\frac{a}{\sqrt{0}}$ l'est relativement à a. Et en effet, la parabole ste une ellipse dont les axes sont tous les deux infiniment grands, mais de deux ordres différens ; et le paramètre de cette courbe est une troisième proportionnelle à ces deux axes.

119. Toutes les ellipses qui composent la sec-

tion que nous venons d'examiner, ont également cette propriété, qu'une troisième proportionnelle à leur premier et à leur second axe, est constamment égale à a. Il est évident, en effet, qu'une troisième proportionnelle à $\frac{a}{n}$ et à $\frac{a}{\sqrt{n}}$, quelle que soit la valeur de n, est toujours égale à a. Cette troisième proportionnelle pourrait être considérée comme le paramètre commun du premier axe de ces ellipses ; et il serait peut-être commode de donner quelquefois des paramètres aux ellipses, comme on en donne aux hyperboles.

120. *Seconde section.* Les courbes qui composent cette seconde section sont toutes extérieures à la parabole CFS ; et pour les décrire, il faut de chaque point H, de l'axe CD, mener parallèlement à CA une droite He' qui, cette fois, pourra être prolongée à l'infini, et qui sera la direction commune des ordonnées correspondantes de toutes les courbes. On portera l'ouverture de compas CF de H en E', et le point E' appartiendra à la courbe CE'T, qui, comme nous l'avons vu (art. 110), est une hyperbole équilatère, ayant CA ou CD pour axe.

On portera ensuite l'ouverture de compas CE' de H en e', et le point e' appartiendra à une seconde courbe Ce'V, qui sera une hyperbole ayant pour premier axe $\frac{a}{2}$ et pour second axe

$\frac{a}{\sqrt{2}}$. On portera pareillement l'ouverture de

compas Cε' de H en ε' et le point ε' appartiendra

à une hyperbole Cε'X , ayant pour premier et

pour second axes $\frac{a}{3}$ et $\frac{a}{\sqrt{3}}$, et ainsi de suite à

l'infini.

En général, si, comptant toujours o à la parabole, on assigne aux hyperboles, en commen-
çant par l'équilatère, les numéros 1, 2, 3, 4, etc.,
et que l'on désigne par la quantité numérique
n le numéro d'une quelconque de ces hyper-

boles, ses premier et second axes seront $\frac{a}{n}$ et $\frac{a}{\sqrt{n}}$.

La démonstration de cette proposition serait
analogue à celle que nous avons donnée pour les
ellipses, et nous croyons qu'il serait superflu
de la répéter.

L'équation générale de toutes ces hyperboles
sera

$$y^2 = \frac{\left(\frac{a}{\sqrt{n}}\right)^2}{-\left(\frac{a}{n}\right)^2}\left(\frac{a}{n}x + x^2\right)$$

$$= n\left(\frac{a}{n}x + x^2\right) = ax + nx^2.$$

121. Cette équation s'applique très bien à

l'hyperbole équilatère, pour laquelle on a $n = 1$, ce qui réduit l'équation à $y^2 = ax + x^2$: les deux axes sont ici $\frac{a}{1}$ et $\frac{a}{\sqrt{1}}$, c'est-à-dire qu'ils sont l'un et l'autre égaux à a.

La même équation s'applique à la parabole, pour laquelle on a $n = 0$, ce qui réduit l'équation à $y^2 = ax$.

La parabole peut être considérée comme une hyperbole dont le premier axe est infini, et dont le second axe est une moyenne proportionnelle entre le premier axe et son paramètre.

122. Toutes les hyperboles qui composent la seconde section ont également cette propriété, que le paramètre de leur premier axe, c'est-à-dire, une troisième proportionnelle à ce premier axe et au second, est constamment égale à a. En effet, quelle que soit la valeur de n, une troisième proportionnelle à $\frac{a}{n}$ et $a \frac{a}{\sqrt{n}}$ sera toujours a.

123. L'équation générale des courbes de la première section étant $y^2 = ax - nx^2$, et celle des courbes de la seconde $y^2 = ax + nx^2$, on voit que ces équations diffèrent seulement l'une de l'autre, en ce que le terme nx^2 est affecté du signe — dans la première et du signe + dans la seconde. Mais il est facile de voir en même

temps que ces deux équations n'en feront plus qu'une seule, si la valeur de n étant positive dans une section, est regardée dans l'autre comme négative.

Faisant toujours pour la parabole $n = 0$, si les autres valeurs de n sont $1, 2, 3, 4$, etc., pour la première section et $-1, -2, -3, -4$, etc., pour la seconde, la même équation $y^2 = ax - nx^2$ s'appliquera également aux deux sections.

124. Dans la série entière dont il vient d'être question, on trouve toutes les sections coniques, et pas une autre courbe. Si, par un point de la surface d'un cône droit, on fait passer une infinité de plans perpendiculaires à celui qui passerait par son axe, on sait que, parmi ces sections, on trouvera une infinité d'ellipses, un seul cercle, une seule parabole, et une infinité d'hyperboles. Les mêmes élémens se retrouvent dans notre série.

Au reste, les cissoïdes étant étrangères à cette série, on ne peut regarder ce que nous en avons dit que comme une simple digression, qui peut-être même présente très peu d'idées neuves. Nous nous la sommes cependant permise, parce qu'elle nous prépare à l'examen d'une autre série, dans laquelle figurera la nouvelle cissoïde.

125. Pour se faire une idée exacte de cette

nouvelle série, il faut imaginer que toutes les courbes qui la composent sont coupées par une infinité de sécantes communes, telles que CH′ (fig. 11), sur lesquelles leurs cordes correspondantes se mesurent. Toutes ces courbes peuvent être produites les unes par les autres, soit en redescendant, soit en remontant de l'une à l'autre. Dans le premier cas, elles se resserrent au dedans de l'une d'entre elles; dans le second, elles s'épanouissent au dehors.

Supposons, par exemple, que, partant de la courbe CER, on veuille opérer en descendant. On fera successivement la corde $CF = $ l'ordonnée Ee, la corde $CG = $ l'ordonnée Ff, la corde $CH = $ l'ordonnée Gg, et ainsi de suite à l'infini. On déterminera par ce moyen une suite de points F, G, H, etc., qui appartiendront respectivement aux courbes CFD, CGd, CH$d′$, etc.

Partant de la même courbe CER, veut-on opérer en remontant? On cherchera successivement sur la sécante CH′ un point F′ dont l'ordonnée F′$f′$ soit égale à la corde CE, un point G′ dont l'ordonnée G′$g′$ soit égale à la corde CF′, un point H′ dont l'ordonnée H′$h′$ soit égale à la corde CG′, et ainsi de suite à l'infini. On déterminera par ce moyen une suite

de points F′, G′, H′, etc. , qui appartiendront
aux courbes CF′S, CG′T, CH′V, etc.

La courbe CER est une nouvelle cissoïde
qui a pour axe CA ou CD. En dedans de cette
courbe, on ne trouve plus que des courbes
fermées ; en dehors, on n'en trouve que d'ouvertes. Elle participe elle-même de la nature
des unes et des autres ; car, quoiqu'elle soit
ouverte, cependant comme elle se trouve comprise entre deux asymptotes parallèles entre
elles, on peut dire de ses deux branches ce
que l'on dit de deux droites parallèles, qu'elles
se rencontrent à une distance infinie. La nouvelle cissoïde est en quelque sorte, ou des courbes fermées la moins fermée, ou des courbes
ouvertes la moins ouverte qu'il soit possible.

C'est en conséquence cette courbe que nous
prendrons pour l'origine commune de deux sections infinies, dans lesquelles nous partagerons
encore la série actuelle; savoir, celle des courbes fermées au dedans ou au-dessous de la nouvelle cissoïde CER, et celle des courbes ouvertes
au dehors et au-dessus. Nous allons nous occuper successivement de ces deux sections.

126. *Première section.* La première courbe que
nous trouvons dans cette section, après la nouvelle cissoïde, est le cercle CFD, qui a l'axe CD
pour diamètre. En effet, nous avons vu (art. 7)

que la corde CE de la nouvelle cissoïde est égale
au produit de l'axe CA ou CD, multiplié par
Ce et divisé par Ee: c'est-à-dire que l'on a

$$CE = \frac{CD \times Ce}{Ee},$$

ou à cause que

$$Ee = CF, \quad CE = \frac{CD \times Ce}{CF};$$

mais $Cf : CF :: Ce : CE$; d'où $CE = \frac{CF \times Ce}{Cf}$.
Comparant entre elles ces deux valeurs de CE,
on aura

$$\frac{CD \times Ce}{CF} = \frac{CF \times Ce}{Cf},$$

ou $\qquad \frac{CD}{CF} = \frac{CF}{Cf}$ ou $\overline{CF} = CD \times Cf$;

ce qui prouve que le point F appartient à un
cercle CFD qui a CD pour diamètre.

La courbe CGd qui suit immédiatement le
cercle, est connue depuis long-temps des géo-
mètres; mais comme nous ne savons pas s'ils lui
ont affecté un nom, nous nous permettrons de
la désigner par celui de *rosette*. Si ses quatre
branches étaient réunies, elles formeraient en
effet une rosette très régulière. La propriété
par laquelle on caractérise ordinairement cette
courbe, est celle-ci : Si sur l'extrémité G d'une
quelconque de ses cordes, on élève une perpen-

diculaire, la partie de cette perpendiculaire, qui sera comprise entre les droites CA, CD, sera toujours elle-même égale à CA ou à CD. Si l'on fait attention au procédé que nous suivons pour décrire la courbe CGd, on y trouvera bientôt la démonstration de cette propriété. Il est évident, en effet, que chaque corde de la rosette CGd est une ordonnée du demi-cercle CFD. Or toute ordonnée d'un demi-cercle est en même temps la hauteur perpendiculaire d'un triangle rectangle, dont l'hypoténuse constante est le diamètre du cercle.

On sait que l'une CGd des feuilles de la rosette est égale en superficie au quart du demi-cercle CFD, qui a CD pour diamètre ; de sorte que les quatre feuilles sont égales ensemble à ce demi-cercle.

On a reconnu aussi que le périmètre d'une de ces feuilles est égal à celui d'une ellipse qui aurait pour axes $\dfrac{CD}{2}$ et $\dfrac{CD}{4}$.

Après la première rosette CGd, se présentent successivement d'autres courbes d'une forme à peu près semblable, mais de plus en plus petites, et s'inclinant aussi de plus en plus vers la ligne CA, avec laquelle, après une succession infinie, elles se confondraient au point C. Nous désignerons ces courbes par les noms de *seconde*, *troisième*, *quatrième rosette*, etc.

127. On ne saurait donner quelque attention à la manière dont les courbes que nous examinons sont produites les unes par les autres, sans faire en même temps les observations suivantes.

Si par tous les points E, F, G, H, etc., où les courbes sont coupées par la sécante commune CH', on mène les ordonnées Ee, Ff, Gg, Hh, etc., tous les triangles CeE, CfF, CgG, ChH, etc., seront semblables, et par conséquent pour tous les points qui se correspondront sur ces différentes courbes, il n'existera qu'un même et commun rapport entre l'abscisse x, l'ordonnée y et la corde $\sqrt{x^2+y^2}$, que, pour simplifier, nous désignerons aussi par z. Or puisque, lorsqu'on descend d'une courbe à une autre, l'ordonnée de la première devient la corde de la seconde, il suit que, dans ce passage, l'abscisse, l'ordonnée et la corde, décroîtront également dans le rapport général et invariable de la corde à l'ordonnée, ou de z à y.

Pour partir maintenant de quelque point fixe, prenons dans la section une des courbes dont l'équation est la plus simple, le cercle, par exemple. Son équation étant $x^2+y^2=ax$, ou $z^2=ax$, si de cette courbe on veut descendre à la courbe suivante, qui est la première rosette, les deux membres de l'équation $z^2=ax$ participeront l'un et l'autre au décroissement dont nous ve-

nons de parler ; mais avec cette différence cependant, que le premier membre z^2 étant de
deux dimensions qui sont toutes deux varia-
bles, décroîtra dans le rapport de z^2 à y^2, tandis
que le second membre ax, dont un des facteurs
seulement est variable, ne décroîtra que dans
le simple rapport de z à y. Pour qu'en passant
d'une courbe à l'autre, l'égalité ne cesse point
d'exister entre les deux membres de l'équation,
il faut donc établir une compensation, en multipliant le second membre par $\frac{y}{z}$; ou bien, ce qui
revient au même, il faut multiplier le premier
membre par z ou par $\sqrt{x^2 + y^2}$, et le second
par y.

L'équation du cercle étant donc $x^2 + y^2 = ax$,
celle de la première rosette sera

$$(x^2 + y^2) \sqrt{x^2 + y^2} = axy,$$

ou
$$(\sqrt{x^2 + y^2})^3 = axy ;$$

Par la même raison, l'équation de la seconde
rosette sera

$$(\sqrt{x^2 + y^2})^4 = axy^2.$$

celle de la troisième rosette

$$(\sqrt{x^2 + y^2})^5 = axy^3,$$

et ainsi de suite à l'infini.

Donc si, comptant o à la nouvelle cissoïde, 1 au cercle, 2 à la première rosette, 3 à la seconde, 4 à la troisième, etc., on désigne d'une manière générale par n, le numéro de chaque courbe, on aura

$$\left(\sqrt{x^2+y^2}\right)^{n+1} = axy^{n-1}.$$

C'est l'équation générale de toutes les courbes de la première section. On peut aussi l'écrire sous cette forme :

$$(x^2+y^2)^{\frac{n+1}{2}} = axy^{n-1},$$

ou $\qquad (x^2+y^2)^{\frac{n+1}{2}} - axy^{n-1} = 0.$

128. Cette équation s'applique très bien au cercle et à la nouvelle cissoïde. En effet, 1°. pour le cercle, on a $n = 1$, ce qui réduit l'équation à $x^2 + y^2 = axy^0$, ou, parce que $y^0 = 1$, à $x^2 + y^2 = ax$; 2°. pour la nouvelle cissoïde, on a $n = 0$, et l'équation deviendra

$$(x^2+y^2)^{\frac{1}{2}} = axy^{-1} ; \text{ ou } \sqrt{x^2+y^2} = \frac{ax}{y} ;$$

ou en élevant au carré,

$$x^2 + y^2 = \frac{a^2x^2}{y^2}, \quad \text{ou} \quad y^2x^2 + y^4 = a^2x^2 ;$$

ou en ordonnant en x, $x^2 - \dfrac{y^4}{a^2-y^2} = 0$. C'est, comme nous l'avons vu (art. 16), l'équation de la nouvelle cissoïde, quand ses abscisses sont mesurées sur la ligne CD.

129. Pour la première rosette CGd, on a $n=2$, ce qui donnera

$$(x^2+y^2)^{\frac{3}{2}}=axy, \quad \text{ou} \quad (x^2+y^2)^3=a^2x^2y^2,$$

ou en ordonnant en x,

$$x^6+3y^2x^4+3y^4x^2+y^6=0;$$
$$-a^2y^2x^2.$$

Cette équation est du sixième degré, mais comme elle n'a point d'exposans impairs, elle est résoluble par les méthodes du troisième. Sa forme sera absolument la même, soit qu'on l'ordonne en x ou en y, parce que la courbe est symétriquement placée entre les droites CA, CD. L'équation de la seconde rosette CHd' qui a $n=3$, sera

$$(x^2+y^2)^2=axy^2,$$

ou $\quad x^4+2y^2x^2-ay^2x+y^4=0.$

C'est une équation du quatrième degré, sans second terme.

Il peut sembler extraordinaire que l'équation de la seconde rosette se présente sous une forme plus simple, à quelques égards, que celle de la première. Cela vient de ce que, quand n est impair, le dénominateur de l'exposant $\frac{n+1}{2}$, dis-

paraît de lui-même, sans qu'on soit obligé pour
cela d'élever les deux membres de l'équation
au carré; sauf cette observation, plus n sera
grand, et plus l'équation que l'on obtiendra
sera d'un degré élevé.

L'équation de la troisième rosette, qui a $n=4$,
serait du dixième degré, mais sans exposans
impairs.

13o. *Seconde section.* La première courbe
que l'on trouve dans cette section, au-dessus ou
en dehors de la nouvelle cissoïde, est, comme
l'on sait, la parabole CF'S, dont CD est le paramètre. Viennent ensuite d'autres courbes
CG'T, CH'V, etc., qui s'ouvrent de plus en
plus, et qui, après une succession infinie, se
confondraient avec la droite CA. Nous donnons
à ces courbes, que nous ne croyons pas avoir été
jusqu'ici bien connues, le nom commun de
corolles. La courbe CG'T est la première corolle,
la courbe CH'V la seconde, etc.

Le même raisonnement que nous avons fait
(art. 127), quand il était question de descendre
d'une courbe à une autre, est ici applicable en
remontant, mais il l'est en sens contraire.

Pour partir encore d'un point fixe, prenons
l'équation de la parabole, qui est $y^2=ax$. Il
est clair qu'en remontant à la courbe immédiatement supérieure, le second membre ax de

cette équation croîtra dans le simple rapport de y à $\sqrt{x^2+y^2}$, tandis que le premier membre y^2 croîtra dans celui de y^2 à x^2+y^2. Pour réparer cette inégalité, et laisser par là subsister l'équation, il est donc nécessaire de multiplier le second membre par $\dfrac{\sqrt{x^2+y^2}}{y}$, ou, ce qui revient au même, de multiplier le premier membre par y, et le second par $\sqrt{x^2+y^2}$.

L'équation de la première corolle sera donc

$$y^3 = ax\sqrt{x^2+y^2}, \text{ ou } \sqrt{x^2+y^2} = \frac{y3}{ax}.$$

Celle de la seconde corolle sera

$$y^4 = ax(\sqrt{x^2+y^2})^2, \text{ ou } x^2+y^2 = \frac{y4}{ax},$$

celle de la troisième,

$$y^5 = ax(\sqrt{x^2+y^2})^3, \text{ ou } (\sqrt{x^2+y^2})^3 = \frac{y5}{ax},$$

et ainsi de suite à l'infini.

Donc si, comptant toujours o à la nouvelle cissoïde, 1 à la parabole, 2 à la première corolle, 3 à la seconde, etc., on désigne généralement par n le numéro de chaque courbe, on aura toujours

$$(\sqrt{x^2+y^2})^{n-1} = \frac{y^{n+1}}{ax}.$$

C'est l'équation générale des courbes de la

8

seconde section, et l'on peut aussi l'écrire sous cette forme :

$$(x^2+y^2)^{\frac{n-1}{2}} = \frac{y^{n+1}}{ax}, \text{ ou } (x^2+y^2)^{\frac{n-1}{2}} - \frac{y^{n+1}}{ax} = 0.$$

131. Cette équation s'applique très bien à la parabole et à la nouvelle cissoïde. En effet, 1°. pour la parabole, on a $n = 1$; ce qui réduit l'équation à

$$(x^2+y^2)^0 = \frac{y^2}{ax},$$

ou $\qquad 1 = \frac{y^2}{ax}$, ou $y^2 = ax$;

2°. pour la nouvelle cissoïde, on a $n = 0$, ce qui réduit l'équation à

$$(x^2+y^2)^{-\frac{1}{2}} = \frac{y}{ax};$$

ou, en élevant au carré,

$$(x^2+y^2)^{-1} = \frac{y^2}{a^2x^2},$$

ou $\qquad \frac{1}{x^2+y^2} = \frac{y^2}{a^2x^2}$, ou $a^2x^2 = y^2x^2 + y^4$;

ou, en ordonnant en x,

$$x^2 - \frac{y^4}{a^2-y^2} = 0.$$

C'est l'équation de la nouvelle cissoïde, quand ses abscisses sont mesurées sur la ligne CD.

132. L'équation de la première corolle CG'T, qui a $n = 2$, sera $(x^2+y^2)^{\frac{1}{2}} = \frac{y^3}{ax}$; ou, en éle-

vant au carré, $x^2 + y^2 = \dfrac{y^6}{a^4}$, ou, en ordon-

nant en x, $x^4 + y^2 x^2 - \dfrac{y^6}{a^2} = 0$. C'est une

équation du quatrième degré, résoluble par les méthodes du second.

L'équation de la seconde corolle pour laquelle $n = 3$, sera

$$x^2 + y^2 = \frac{y^4}{ax}, \text{ ou } ax^3 + ay^2 x = y^4,$$

ou $\qquad x^3 + y^2 x - \dfrac{y^4}{a} = 0.$

C'est une équation du troisième degré sans second terme.

L'équation de la troisième corolle, où $n = 4$,

sera $(x^2 + y^2)^{\frac{3}{2}} = \dfrac{y^5}{ax}$; ou, en élevant au carré,

$(x^2 + y^2)^3 = \dfrac{y^{10}}{a^2 x^2}$; ce qui donnera

$$x^6 + 3y^2 x^5 + 3y^4 x^4 + y^6 x^2 - \frac{y^{10}}{a^2} = 0;$$

c'est une équation du huitième degré sans expo-sans impairs.

L'équation de la quatrième corolle, où $n = 5$,

serait $x^5 + 2y^2 x^3 + y^4 x - \dfrac{y^6}{a} = 0.$

On peut encore observer ici que lorsque n est impair, les équations prennent une forme res-

8..

pectivement plus simple; ce qui provient de ce qu'alors le dénominateur de l'exposant $\frac{n-1}{2}$ s'évanouit de lui-même. Sauf cette observation, plus n sera grand, et plus les équations obtenues seront d'un degré élevé.

133. Nous avons trouvé (art. 127) que l'équation générale des courbes de la première section est $(x^2+y^2)^{\frac{n+1}{2}} = axy^{n-1}$, et (art. 130) que celle des courbes de la seconde section est

$$(x^2+y^2)^{\frac{n-1}{2}} = \frac{y^{n+1}}{ax}.$$

Ces deux équations n'en feront qu'une, si, donnant à n dans une section une valeur positive, on la fait négative dans l'autre; c'est ce qu'il est facile de vérifier, en appliquant à quelque courbe de la seconde section l'équation $(x^2+y^2)^{\frac{n+1}{2}} = axy^{n-1}$ de la première. On obtiendra les mêmes résultats que par l'autre équation, pourvu qu'on ait l'attention de donner alors à n une valeur négative.

134. Il est bien prouvé, par ce qui précède, que dans la série infinie de courbes qui nous occupe en ce moment, la place centrale ne pouvait être remplie par aucune autre courbe que la nouvelle cissoïde. On voit clairement, en effet,

1°. Que c'est en passant à la nouvelle cissoïde, que la quantité n doit changer de signe, pour que la même équation générale soit applicable aux courbes des deux sections;

2°. Que cette courbe est le véritable point de partage entre les courbes fermées et les courbes ouvertes, comme participant également elle-même des unes et des autres;

3°. Que les courbes du même degré se correspondent à égales distances au-dessous et au-dessus de la nouvelle cissoïde, et que ces degrés sont d'autant moins élevés, que les courbes se rapprochent le plus du point central, qui est leur origine commune.

Si l'on objectait à cette dernière observation, que la nouvelle cissoïde elle-même, quoique placée au point central entre les deux courbes du second degré, le cercle et la parabole, est d'un degré plus élevé, et présente des formes moins simples dans son équation, nous répéterions, pour expliquer cette apparente irrégularité, ce que nous avons déjà dit (art. 129 et 132), savoir, que, les choses étant d'ailleurs égales, chaque fois que n est impair, les formes des équations se simplifient. Or, pour le cercle et pour la parabole, n étant 1 ou — 1, est impair. Il est pair pour la nouvelle cissoïde, puisqu'il est égal à o.

135. Il suffit de comparer par un simple coup

d'œil les deux séries de courbes dont il a été
question ci-dessus, pour apercevoir leurs rapports et leurs différences.

Deux courbes sont communes à ces deux séries, le cercle et la parabole. Elles se suivent
immédiatement dans la première ; elles sont,
dans la seconde, séparées par la nouvelle cissoïde.

Au-dessous du cercle, on trouve dans la première série une suite d'ellipses qui, devenant
de plus en plus petites, se confondraient après
une succession infinie avec le point C.

Au-dessous du cercle, on trouve dans la seconde série une suite de rosettes qui, devenant
aussi de plus en plus petites, tendent de la
même manière à se confondre avec le point C.

Au-dessus de la parabole, on trouve dans la
première série une suite d'hyperboles qui s'ouvrent de plus en plus, et se confondraient après
une succession infinie, avec la droite CA.

Au-dessus de la parabole, on trouve dans la
seconde série une suite infinie de corolles qui,
s'ouvrant de plus en plus, tendent de la même
manière à se confondre enfin avec la droite CA.

Ces deux séries ont donc les mêmes limites,
et, de plus, vers leurs centres, deux courbes
communes, le cercle et la parabole. Elles offrent
l'une comme l'autre, d'un côté du point central,

des courbes fermées, et de l'autre, des courbes ouvertes.

Aucune courbe de la première série ne s'élève au-dessus du second degré; celles de la seconde s'élèvent depuis et y compris le second degré, jusqu'aux plus hauts degrés possibles.

136. On connaît depuis long-temps une méthode particulière, au moyen de laquelle on peut décrire une infinité de courbes différentes. Elle a été spécialement appliquée à la cissoïde de Dioclès, et c'en était assez pour nous inspirer le désir d'en faire aussi l'application à la nouvelle cissoïde. Il semble indispensable de rappeler auparavant en quoi cette méthode consiste; et, pour le faire avec quelque clarté, nous demandons qu'une courte digression nous soit encore permise.

Soit un angle droit MAN (fig. 12), dont le sommet A soit fixe, mais dont les côtés AM, AN, tournent librement dans leur propre plan autour de ce point A, que nous nommerons *point de rotation*. Soit dans ce même plan une droite BC, ayant telle direction que l'on voudra, pourvu qu'elle ne passe point par le point A; nous la nommerons *directrice*. Soit enfin, toujours dans le même plan, une figure quelconque GH, que nous nommerons *figure génératrice*.

Si le côté AN de l'angle droit MAN s'arrête

successivement sur chaque point E de la figure génératrice, et que, par ce même point E, on mène à la directrice BC une parallèle EF, qui rencontre en F l'autre côté AM de l'angle droit MAN, tous les points F formeront une figure AFS, que nous dirons avoir été *produite* par la figure génératrice GH.

On conçoit que si le point de rotation A restant toujours le même, ainsi que la directrice BC, la figure AFS était prise pour génératrice à son tour, et que l'on employât en sens contraire les mêmes procédés qui viennent d'être indiqués, la figure *produite* serait exactement la figure GH.

Pour bien connaître par ses effets la méthode descriptive dont nous parlons, il faudrait prendre d'abord pour génératrices les figures les plus simples; il n'en est point de plus simple que la ligne droite, et il a été reconnu que les seules courbes qu'une droite génératrice puisse produire, sont des courbes du second degré. Il est d'ailleurs facile de voir qu'une droite génératrice ne saurait produire une courbe fermée, telle qu'un cercle ou une ellipse.

Les seules courbes qu'elle puisse produire, sont donc une parabole ou une hyperbole. Si la droite génératrice passe par le point A, un des côtés de l'angle droit AMN se fixera invariablement sur elle, et ne pourra par conséquent

produire que l'autre côté de l'angle droit, c'est-
à-dire une perpendiculaire menée indéfiniment
du point de rotation sur la génératrice. Si elle
est parallèle à la directrice BC, il est évident
qu'elle ne pourra que se reproduire elle-même,
en se prolongeant à l'infini.

Nous n'avons donc à examiner que les cas où
la génératrice ne sera ni dirigée sur le point de
rotation A, ni parallèle à la directrice BC. Or,
en satisfaisant à ces deux conditions, elle peut
encore être perpendiculaire à la directrice, ou
bien lui être oblique, et rencontrer par conséquent en quelque point au-dessous ou au-dessus
du point A, une perpendiculaire AD menée de
ce point sur la directrice. Dans le premier cas,
la figure produite sera une parabole; dans le second, elle sera une hyperbole.

137. Si la droite génératrice GH est perpendiculaire sur la directrice BC, il est aisé de voir
que la figure produite AFS sera une parabole
ayant pour paramètre la droite AG, menée du
point A, parallèlement à la directrice BC, jusqu'à la rencontre de la génératrice GH. En effet,
si du point A on mène sur la directrice BC la
perpendiculaire AD, qui coupe en un point L
chaque droite EF, il est évident que AL sera
l'ordonnée du point F, et FL son abscisse. Or,
l'angle EAF étant droit, AL est moyenne pro-

portionnelle entre FL et LE toujours égale à la
constante AG. Donc le point F appartient à une
parabole, dont AG est le paramètre.

Si la droite génératrice GH (fig. 13) est oblique
à la directrice BC, elle produira une hyperbole
dont nous aurons à déterminer les axes, les
asymptotes, etc.; mais, avant de l'entreprendre,
nous croyons qu'il y aura quelque avantage à
renverser la question et à la présenter d'abord
sous la forme suivante.

138. *Problème.* Une hyperbole TAS*t*, dont
PS et PV sont les premier et second demi-axes,
étant donnée, trouver la position que doivent
avoir le point de rotation et la directrice, pour
que la figure produite soit une seule ligne droite,
et tracer cette ligne droite.

Solution. Soient coupées les deux branches
SF'T, SF*t* de l'hyperbole par une droite F*f*, qui
soit perpendiculaire à l'une P*r* des asymptotes,
et qui rencontre ses deux branches aux points
F, *f*; par le milieu *p* de la double ordonnée F*f*,
soit mené le diamètre P*p*, qui rencontre la
courbe en un point A. De ce point A, soit menée
perpendiculairement à l'asymptote P*r* la droite
AD, qui sera tangente au point A, et qui, prolongée jusqu'à ce qu'elle rencontre en L l'autre
asymptote P*R*, donnera AL = AD; enfin, du
point D, où la tangente AD rencontre l'asymp-

tote P*r*, soit menée perpendiculairement à l'autre
asymptote PR, une droite indéfinie GDH; cette
ligne GH sera la droite cherchée; le point A
sera le point de rotation, et l'asymptote P*r* sera
la directrice; c'est-à-dire que l'hyperbole TAS*t*
étant la figure génératrice, A le point de rotation, et P*r* la directrice, la droite GH sera la
figure produite.

Démonstration. Nous avons à prouver que
si, par un point quelconque E de la droite GH,
on tire au point A la droite EA, et parallèlement à P*r* la droite EF; qu'ensuite du point A
on mène perpendiculairement sur AE la droite
AF qui rencontre la droite EF en un point F, ce
point F appartiendra à l'hyperbole.

Soit PS le premier demi-axe de l'hyperbole
$= a$, et PV son second demi-axe $= b$; si du
centre P de l'hyperbole on mène à la tangente
AD la parallèle PI, et qu'on la termine en I par
une parallèle AI, menée du point A à l'asymptote P*r*, PI sera le demi-diamètre conjugué du
demi-diamètre principal PA, et le rectangle
ADPI sera égal à celui qui aurait pour côtés PS
et PV, ou a et b.

On aura donc DP $\times$ AD $= ab$, ou, en faisant
pour simplifier, DP $= z$, $z \times$ AD $= ab$, et
AD $= \frac{ab}{z}$.

Il est évident que l'on aura de plus

$$AK = \frac{DP}{2} = \frac{z}{2}, \quad DL = 2AD = \frac{2ab}{z},$$

$$PL = \sqrt{\overline{DL}^2 + \overline{DP}^2} = \sqrt{\frac{4a^2b^2}{z^2} + z^2}$$

$$= \frac{\sqrt{4a^2b^2 + z^4}}{z},$$

et $\quad \frac{PL}{2}$ ou $PK = \frac{\sqrt{4a^2b^2 + z^4}}{2z}$;

donc

$$PK \times AK = \frac{\sqrt{4a^2b^2 + z^4}}{2z} \times \frac{z}{2} = \frac{\sqrt{4a^2b^2 + z^4}}{4};$$

mais $PK \times AK$ est égal à la puissance de l'hyperbole, c'est-à-dire à $\frac{a^2 + b^2}{4}$; on aura donc

$$\frac{\sqrt{4a^2b^2 + z^4}}{4} = \frac{a^2 + b^2}{4},$$

ou $\quad \sqrt{4a^2b^2 + z^4} = a^2 + b^2$;

ou, en élevant au carré,

$$4a^2b^2 + z^4 = a^4 + 2a^2b^2 + b^4,$$

d'où $\quad z^4 = a^4 - 2a^2b^2 + b^4$;

ou, en tirant la racine carrée,

$$z^2 = a^2 - b^2, \quad \text{et } z \text{ ou } DP = \sqrt{a^2 - b^2}.$$

Nous ferons encore, pour abréger,

$$\sqrt{a^2 + b^2} = s, \quad \text{ou } a^2 + b^2 = s^2;$$

de sorte qu'on aura aussi $\sqrt{4a^2b^2 + z^4} = s^2$,
et qu'en substituant cette valeur de $\sqrt{4a^2b^2 + z^4}$
dans celle ci-dessus de PL, on aura $PL = \dfrac{s^2}{z}$,

et $PK = \dfrac{s^2}{2z}$.

Tout cela posé, soit menée par le point F, parallèlement à la tangente AD, une droite L'Fl, qui rencontre au point f l'autre branche de l'hyperbole, et aux points L', l' ses asymptotes.

Le point E étant pris à volonté sur la droite GH, est à une distance quelconque DE du point D. Cette distance, nous la nommerons c

La ligne EF rencontrera la droite AD en un point e, et le triangle DeE sera semblable au triangle PDL : on aura donc

1°. PL : DL :: DE : eE, ou $\dfrac{s^2}{z} : \dfrac{2ab}{z} :: c : e\mathrm{E}$;

d'où $\qquad e\mathrm{E} = \dfrac{2abc}{s^2}$.

2°. PL : PD :: DE : De, ou $\dfrac{s^2}{z} : z :: c : \mathrm{D}e$;

d'où $\qquad$ De ou F$l' = \dfrac{cz^2}{s^2}$.

Donc $\qquad$ AD $-$ De,

ou $\qquad A e = \dfrac{ab}{z} - \dfrac{cz^2}{s^2} = \dfrac{abs^2 - cz^3}{s^2 z}$.

Les triangles rectangles semblables AeE, FeA, donnent

$$eE : Ae :: Ae : eF,$$

ou
$$\frac{2abc}{s^2} : \frac{abs^2-cz^3}{s^2z} :: \frac{abs^2-cz^3}{s^2z} : eF ;$$

d'où
$$eF = \frac{a^2b^2s^4 + c^2z^6 - 2abcs^4z^3}{2abcs^2z^2}.$$

Si à eF ou Dl', on ajoute PD ou z, on aura

$$Pl' = \frac{a^2b^2s^4 + c^2z^6 - 2abcs^2z^3}{2abcs^2z^2} + z$$

$$= \frac{a^2b^2s^4 + c^2z^6 - 2abcs^2z^3 + 2abcs^2z^3}{2abcs^2z^2}$$

$$= \frac{a^2b^2s^4 + c^2z^6}{2abcs^2z^2}.$$

Maintenant, à cause des triangles semblables DPL, l'PL$'$, nous avons PD : DL :: Pl' : l'L$'$,

ou
$$z : \frac{2ab}{z} :: \frac{a^2b^2s^4 + c^2z^6}{2abcs^2z^2} : l'L';$$

d'où
$$l'L' = \frac{a^2b^2s^4 + c^2z^6}{cs^2z^3}.$$

Si de l'L$'$ on retranche Fl' ou eD, on aura

$$l'L' - Fl' \text{ ou } FL' = \frac{a^2b^2s^4 + c^2z^6}{cs^2z^3} - \frac{cz^3}{s^2}$$

$$= \frac{a^2b^2s^4 + c^2z^6 - c^2z^6}{cs^2z^3} = \frac{a^2b^2s^4}{cs^2z^3} = \frac{a^2b^2s^2}{cz^3}.$$

Que l'on multiplie FL′ par Fl′, on aura

$$\mathrm{FL}' \times \mathrm{F}l' = \frac{a^2 b^2 z^2}{c z^4} \times \frac{c z^2}{z^2} = \frac{a^2 b^2}{z^2} = \left(\frac{ab}{z}\right)^2 = \overline{\mathrm{PI}}^2;$$

c'est-à-dire que la droite l′L′, menée entre les deux asymptotes parallèlement à la tangente AD, est coupée au point F en deux parties FL′, Fl′, telles, que leur produit est égal au carré du demi-diamètre conjugué PI ; mais cette égalité est une des propriétés de l'hyperbole : donc le point F appartient à cette courbe.

La démonstration serait au fond la même, si, au lieu de rencontrer la branche SFt de l'hyperbole, la droite EF rencontrait l'autre branche, comme on le voit en E′F′.

139. Il est aisé de voir que le problème était susceptible d'être résolu de deux manières. En effet, au lieu de chercher sur la branche SF″T de l'hyperbole un point A dont la tangente AD fût perpendiculaire à l'asymptote Pr, on aurait pu chercher sur la branche SFt un point a dont la tangente ad fût perpendiculaire à l'asymptote PR. Alors le point de rotation eût été le point a, l'asymptote PR eût été la directrice, et une perpendiculaire menée du point d sur l'asymptote Pr, eût été la droite cherchée.

140. Il faut observer encore que l'hyperbole TASt ne peut produire que la portion DG de

la ligne GH, qui est au-dessus de l'asymptote
P*r*. La partie DH qui est au-dessous de l'asymptote serait, avec le même point de rotation A
et la même directrice, produite par l'hyperbole
opposée T′A′S′*t*′.

141. Enfin, au lieu de prendre pour point de
rotation le point A de l'hyperbole TAS*t*, on
aurait pu prendre le point correspondant A′ de
l'hyperbole T′A′S′*t*. L'asymptote *r*P*r*′ eût toujours été la directrice, et la droite produite eût
été la droite G′H′, parallèle à GH, et également
distante du point P. La partie de la droite G′H′,
située au-dessous de l'asymptote *r*P*r*′, eût été
produite par l'hyperbole T′A′S′*t*′, celle au-dessus par l'hyperbole TAS*t*.

142. On a pu remarquer qu'il est une condition sans laquelle le problème serait insoluble :
c'est que l'angle RP*r* des asymptotes ne soit pas
plus grand que le droit. En effet, si cet angle
était obtus, il serait impossible de trouver sur
une des branches de l'hyperbole un point dont
la tangente fût perpendiculaire à l'asymptote
de l'autre branche, ou, ce qui revient au même,
un diamètre dont les ordonnées fussent perpendiculaires à une asymptote.

L'angle RP*r* des asymptotes est évidemment
le complément de l'angle GDP, que la droite
GH forme avec la directrice, et ne saurait par

conséquent être plus grand que le droit. S'il était droit lui-même, l'angle GDP serait nul, et la droite GH se confondrait avec l'asymptote directrice. Dans ce cas-là, l'hyperbole serait équilatère, et le point de rotation A serait à une distance infinie du point D.

Nous allons maintenant poser la question dans un sens inverse, et nous nous dispenserons de joindre à sa solution une démonstration dans laquelle nous ne pourrions que répéter dans une autre forme ce que nous avons dit ci-dessus.

143. *Problème*. Etant donnés un point de rotation A, une directrice BC et une droite génératrice GH, qui ne passe pas par le point A, et qui ne soit ni perpendiculaire, ni parallèle à BC, on demande que l'on trace l'hyperbole qui sera produite par cette droite génératrice, que l'on détermine ses axes, ses asymptotes, etc.

Solution. Du point de rotation A, menez sur la directrice BC une perpendiculaire AD, qui rencontrera nécessairement en un point D la droite donnée et indéfinie GH.

Du point D, menez une parallèle rDr' à la directrice BC; ce sera une des asymptotes de l'hyperbole cherchée.

Prolongez au-delà du point A la droite AD d'une quantité AL = AD, et du point L, menez

9

sur la droite GH une perpendiculaire indéfinie
RLR', ce sera la seconde asymptote de l'hyperbole. L'angle RP*r* des asymptotes sera le complément de l'angle donné GD*r'*, et sera par conséquent moindre qu'un droit. Le point A sera
un point de l'hyperbole, et la droite DL sera
tangente à ce point. Le point de concours P des
asymptotes sera le centre de l'hyperbole et la
droite SPS', qui divisera en deux parties égales
l'angle RP*r* sera la direction du premier axe.
Le rapport du cosinus et du sinus de l'angle
SPR, déterminera celui des deux axes. Si l'on
mène le demi-diamètre PA, son demi-diamètre
conjugué sera une droite PI, égale et parallèle
à AD; le produit AD $\times$ DP sera égal à celui des
deux demi-axes; si l'on tire la droite AI, elle
sera coupée en deux parties égales par l'asymptote au point K. Le produit PK$\times$AK sera égal
au quart de la somme des carrés des deux demi-
axes. Le carré de DP sera égal à la différence des
carrés des mêmes demi-axes. En voilà plus qu'il
n'en faut pour déterminer la valeur de ces demi-
axes, etc.

D'ailleurs, puisqu'on connaît un point A de
l'hyperbole et ses deux asymptotes, il n'est
point indispensable de connaître encore ses axes
pour la tracer. Que par le point A on tire entre
les asymptotes PR, P*r*, suivant des directions
quelconques, tant de droites M*m*, O*o*, etc.,

qu'on voudra, et que l'on fasse respectivement $Nm = AM$, $Fo = AO$, etc., on aura de nouveaux points N, F, etc., de l'hyperbole. Chacun de ces points pourra servir à en déterminer d'autres, par des opérations semblables.

Nous n'ajouterons qu'une observation : c'est que la partie DG de la droite GH produira l'hyperbole TASt. Son opposée $T'A'S't'$ sera produite par la partie DH.

144. Les figures génératrices les plus simples dont on puisse faire usage, sont, après la ligne droite, des lignes circulaires, et il est reconnu depuis long-temps que si l'on prend, par exemple, pour figure génératrice, une demi-circonférence de cercle AeD (fig. 14), dont le diamètre AD soit, à partir du point de rotation A, mesuré sur la perpendiculaire menée de ce point A à la directrice BC, la figure produite Afr sera une cissoïde de Dioclès, dont AD sera l'axe.

Nous avons cherché quelle figure génératrice donnerait naissance à une nouvelle cissoïde, ayant pareillement AD pour axe, et nous avons trouvé que c'était le quart de circonférence GED, décrit du point de rotation comme centre, avec AD pour rayon. En effet, le triangle EAF étant rectangle en A, est semblable au triangle AOF; ce qui donne

$$AO : OF :: AE : AF,$$

d'où $$AF = \frac{AE \times OF}{AO};$$

mais AE = AD ; AO est l'abscisse du point F de la courbe AFR; OF en est l'ordonnée. La corde AF est donc égale au produit de AD par l'ordonnée OF, divisé par l'abscisse AO. Or, telle est (art. 7) la valeur de la corde de la nouvelle cissoïde, qui aurait AD pour axe ; le point F appartient donc à cette nouvelle cissoïde.

La cissoïde de Dioclès A*fr* et la nouvelle cissoïde AFR, qui ont le même axe AD, reconnaissent donc, pour figures génératrices, la première, la demi-circonférence A*e*D, qui a l'axe AD pour diamètre, et la seconde, le quart de circonférence GED, qui a ce même axe pour rayon. C'est un rapport de plus que nous découvrons entre ces deux courbes.

145. Voici une autre observation qui ne nous paraît pas moins importante :

Nous avons vu (art. 106) que l'espace compris entre les deux cissoïdes A*fr*, AFR, est égal au demi-cercle A*e*D, dont l'axe commun AD est le diamètre ; mais ce demi-cercle est la moitié du quart du cercle AGED, et il est égal par conséquent à l'espace compris entre la demi-circonférence A*e*D, le quart de circonférence GED et la droite AG. Il résulte donc de là, que l'espace qui sépare les deux courbes génératrices A*e*D,

GED, est égal à celui que laissent entre elles les deux courbes A*fr*, AFR, qu'elles ont produites.

146. Il est à remarquer que la figure à produire dépend non-seulement de celle qui est prise pour génératrice, mais encore de la distance plus ou moins grande où celle-ci se trouve du point de rotation, et encore, outre cela, de l'aspect sous lequel elle s'y présente; de sorte que la même génératrice peut produire des figures très différentes, selon qu'elle sera plus ou moins proche du point de rotation, ou selon qu'on lui fera faire, en quelque sens que ce soit, un mouvement de conversion sur elle-même.

Un autre moyen de varier à l'infini les résultats de la méthode descriptive dont nous venons de parler, serait de substituer à l'angle droit MAN (fig. 12) un autre angle plus petit ou plus grand que le droit, ou même un angle curviligne ou mixtiligne quelconque.

CHAPITRE IV.

De la Cissoïde oblique.

147. Dans tout ce qui a été dit précédemment sur la nouvelle cissoïde, nous avons supposé son axe perpendiculaire à son asymptote. Nous avons pensé que, sans rien changer d'ailleurs à la manière de décrire cette courbe, on pouvait admettre que son axe fît, avec son asymptote, un angle quelconque, et que ce serait le moyen d'obtenir, relativement à ses différentes propriétés, des résultats plus généraux.

Nous nommons *cissoïde oblique* la courbe qui doit sa naissance à ce nouveau procédé; et pour la mieux distinguer de celle dont il a été question jusqu'ici, nous désignerons désormais cette dernière par le nom de *cissoïde droite.*

La recherche que nous avons faite des principales propriétés de la cissoïde oblique, nous a bientôt convaincu que celles de la cissoïde droite s'y rattachent en effet, comme une application particulière se rattache à un principe général. Ces deux courbes reconnaissent, l'une comme

l'autre, un cercle générateur. La théorie de leurs
tangentes est intéressante, et par ce qu'elle présente de commun entre elles, et par quelques
particularités qui se rapportent plus directement
à la cissoïde oblique, etc.

Nous avons cru enfin qu'il ne serait pas sans
quelque intérêt de donner ici une analyse suc-
cincte de la cissoïde oblique. Un pareil travail ne
sera point un hors-d'œuvre dans ce mémoire ; il
en sera plutôt le complément.

148. Supposons qu'il faille construire une cissoïde oblique qui ait pour asymptote la droite
PAp (fig. 15), et pour axe la droite CA, tom-
bant obliquement sur PAp.

Du point C on tirera vers l'asymptote PAp
tant de droites $\frac{CL}{Cl}$ qu'on voudra, et pour chacune on fera $\frac{CE}{Ce} = \frac{AL}{Al}$. La courbe qui passera
par tous les points $\frac{E}{e}$, sera une cissoïde oblique.

Ses abscisses CB seront mesurées sur l'axe CA
et ses ordonnées $\frac{BE}{Be}$ seront dirigées parallèlement à l'asymptote PAp.

Cette courbe a quatre branches, CER, Cer,
CnR$'$, Cor', qui occuperont respectivement les
quatre angles TCA, tCA, TCa, tCa.

Dans la première branche CER, les abscisses et les ordonnées seront positives. Dans la seconde Cer, les abscisses seront positives et les ordonnées négatives. Dans la troisième CnR', les abscisses seront négatives et les ordonnées positives. Dans la quatrième Cor' enfin, les abscisses et les ordonnées seront négatives.

La cissoïde droite a bien aussi quatre branches; mais comme elles sont entre elles parfaitement égales et symétriques, il nous a suffi d'en examiner une seule.

Les branches de la cissoïde oblique, situées dans deux angles opposés au sommet, et par conséquent égaux, sont bien aussi parfaitement égales entre elles; mais deux branches situées dans deux angles de suite, l'un obtus et l'autre aigu, ont entre elles des différences essentielles.

Il suit de là que pour prendre une connaissance complète de la cissoïde oblique, il suffit d'examiner les deux branches CER, Cer, situées dans les angles de suite TCA, tCA. Toutes les deux ont leurs abscisses positives et mesurées sur la ligne CA. Leurs ordonnées sont, pour la première, positives et mesurées de B vers E; pour la seconde, négatives et mesurées de B vers e.

Pour distinguer ces deux branches, nous nommerons la première, CER, branche *positive*, et la seconde, Cer, branche *négative*.

149. Du point C soit menée perpendiculairement à l'asymptote AP, la ligne CD; si CA, que nous nommerons a, était pris pour le rayon du cercle, CD serait le sinus, et AD le cosinus de l'angle CAD, que l'axe forme avec l'asymptote, et que l'on suppose donné de position. Nous ferons plus simplement CD $= s$. On aurait par suite AD $= \sqrt{a^2 - s^2}$; mais il nous sera plus commode de faire aussi AD $= c$, sauf à nous rappeler, quand l'occasion pourra l'exiger, que $a^2 = c^2 + s^2$.

150. Observons d'abord quelles différences se font principalement remarquer entre les deux branches positive et négative de la cissoïde oblique.

Lorsque l'angle CAP est droit, l'oblique CL est partout et constamment plus grande que AL: ainsi, quand on fait CE$=$AL, le point E, quelle que soit la valeur de AL, ne peut jamais atteindre l'asymptote, si ce n'est à une distance infinie; mais qu'arrivera-t-il si l'angle CAP est aigu? Tant que l'angle ACL sera moindre que CAP, on aura encore AL $<$ CL et la corde CE n'atteindra point l'asymptote; mais aussitôt que l'angle ACL deviendra égal à CAP, on aura aussi AL $=$ CL; les deux points E, L se confondront, et la courbe atteindra l'asymptote AP. C'est ce qu'on voit arriver au point O.

Au delà de ce point, on aura constamment AL > C̄L; par conséquent la courbe, après avoir franchi l'asymptote au point O, s'en écartera au moins pendant quelque temps, et ne la recoupera plus. Cependant, à une distance infinie du point A, elle reviendra se confondre avec elle, puisqu'alors les droites AP, CL feront entre elles un angle infiniment petit.

151. Puisque la branche CER, après avoir franchi l'asymptote au point O, finit par s'en rapprocher, jusqu'à se confondre avec elle à une distance infinie, il suit qu'il doit exister sur cette branche un point *culminant* ou de *rebroussement*, c'est-à-dire un point où la courbe, parvenue à son plus grand écartement au-delà de l'asymptote, commencera à s'en rapprocher.

Nous prouverons bientôt que ce point *culminant* R se trouve sur la direction de la perpendiculaire CPR, menée du point C sur l'axe CA.

152. Si du point O, on mène sur l'axe CA la perpendiculaire O*m*, elle le divisera en deux parties égales, et les triangles semblables CDA, O*m*A, donneront

$$AD : CA :: Am : AO, \text{ ou } c : a :: \frac{a}{2} : AO;$$

d'où
$$AO = \frac{a^2}{2c}.$$

153. Les triangles semblables ADC, ACP, donnent

$$AD : CD :: AC : CP, \quad \text{ou} \quad c : s :: a : CP;$$

d'où
$$CP = \frac{as}{c}.$$

Les mêmes triangles donnent encore

$$AD : CA :: CA : AP, \quad \text{ou} \quad c : a :: a : AP;$$

d'où
$$AP = \frac{a^2}{c} = 2AO.$$

Et comme par la nature de la courbe, $AP = CR$, on aura aussi $CR = \frac{a^2}{c}$.

154. Si par le point R on mène parallèlement à l'asymptote AP, la droite RA′, qui rencontre en D′ et en A′ les prolongemens de CD et de CA, on aura

1°. $CP : CR :: CD : CD′$ ou $\frac{as}{c} : \frac{a^2}{c} :: s : CD′$;

d'où
$$CD′ = a.$$

2°. $CD : CD′ :: CA : CA′$ ou $s : a :: a : CA′$;

d'où
$$CA′ = \frac{a^2}{s}.$$

3°. $CD : CD′ :: AP : A′R$ ou $s : a :: \frac{a^2}{c} : A′R$;

d'où
$$A′R = \frac{a^3}{cs}.$$

155. Toutes les observations que renferment les quatre précédens articles sont privatives à la branche CER, et aucune n'est applicable à la branche C*e*r, qui, bien loin de franchir son asymptote A*p*, s'en tient comparativement à une distance plus grande que ne le ferait une cissoïde droite qui aurait la même origine C et la même asymptote A*p*. Cette branche s'approche cependant de plus en plus de son asymptote, et se confondrait avec elle à une distance infinie.

156. Nous donnerons quelquefois le nom d'*émergente* à la branche CER, qui franchit son asymptote, et de *rentrante* à l'autre branche C*e*r.

Au reste, pour mieux fixer les idées, nous affecterons toujours de faire figurer au-dessus de l'axe CA et du côté où nous regardons les ordonnées comme positives, celui des deux angles de suite CAP, CA*p*, qui sera aigu. De cette sorte, branche *émergente* et branche *positive*, ne signifieront jamais qu'une seule et même chose. Il en sera de même de branche *rentrante* et de branche *négative*.

157. Si sur CD comme axe et sur P*p* comme asymptote, on décrivait les deux branches C*ε*ρ, C*ε'*ρ', d'une cissoïde droite, chaque corde C*ε* de la branche positive C*ε*ρ de cette courbe ayant

été faite égale à DL', serait moindre que la corde correspondante CE' de la cissoïde oblique CER, qui a été faite égale à AL', d'une quantité constamment égale à AD ou à *c*, et le contraire arriverait dans les branches négatives C*er*, C*e'ρ'*, comparées entre elles.

Il suit de là, que deux cordes correspondantes des deux cissoïdes, différeront constamment entre elles de la quantité *c*. Dans les branches émergentes, cette quantité sera à retrancher de la corde de la cissoïde oblique. Elle devra lui être ajoutée dans les branches rentrantes, ou plutôt elle sera ici soustractive dans les deux cas, parce que les cordes de la branche C*er* étant négatives, en retrancher *c*, c'est réellement les en ragrandir.

Nous observerons encore à ce sujet que la ligne de séparation entre les branches positives et négatives n'est pas la même pour les deux courbes. Pour la cissoïde droite, c'est la ligne CD; pour la cissoïde oblique, c'est la ligne CA. Il résulte de là, que toutes les fois que dans l'angle DCA deux cordes des deux courbes auront une direction commune, l'une sera positive, tandis que l'autre sera négative. Si elles étaient toutes deux positives, leur somme serait égale à *c*; mais à raison de l'opposition de leurs signes, c'est leur différence qui, là comme ailleurs, se trouve constamment égale à *c*.

Il existe entre la cissoïde oblique et la cissoïde droite, ayant la même origine et la même asymptote qu'elle, d'autres rapports que nous pourrions faire remarquer ici; mais la crainte de donner trop d'extension à ce chapitre, nous détermine à en écarter tout ce qui n'est pas nécessaire pour faire connaître la courbe que nous nous sommes proposé d'y analyser.

158. CB étant une abscisse commune des deux branches CER, Cer de la cissoïde oblique, BE et —Be seront leurs ordonnées; CE et —Ce leurs cordes correspondantes. Nous désignerons donc CB par x, $\genfrac{}{}{0pt}{}{+\,BE}{-\,Be}$ par y, $\genfrac{}{}{0pt}{}{+\,CE}{-\,Ce}$ par z.

Soit prolongée la corde $\genfrac{}{}{0pt}{}{+\,CE}{-\,Ce}$, jusqu'à ce qu'elle rencontre l'asymptote au point $\genfrac{}{}{0pt}{}{L}{l}$; $\genfrac{}{}{0pt}{}{+\,DL}{-\,Dl}$ étant la différence qu'il y a entre $\genfrac{}{}{0pt}{}{+\,AL}{-\,Al}$ et AD, ou entre z et c, nous aurons dans tous les cas

$$\overline{DL}^2 = c^2 - 2cz + z^2.$$

Nous avons de plus

$$\overline{CL}^2 = \overline{CD}^2 + \overline{DL}^2;$$

ou, en substituant à $\overline{CD}^2$ et à $\dfrac{\overline{DL}^2}{Dl^2}$, leurs valeurs

s^2 et $c^2 - 2cz + z^2$, $\dfrac{\overline{CL}^2}{Cl^2} = s^2 + c^2 - 2cz + z^2$;

ou, à cause que

$$s^2 + c^2 = a^2, \quad \dfrac{\overline{CL}^2}{Cl^2} = a^2 - 2cz + z^2,$$

et $\quad \dfrac{+CL}{-Cl} = \pm\sqrt{a^2 - 2cz + z^2}.$

Maintenant, à cause des parallèles Ll, Ee, on a

$$\dfrac{+CL}{-Cl} \cdot \dfrac{+CE}{-Ce} :: CA : CB,$$

ou $\quad \pm\sqrt{a^2 - 2cz + z^2} : z :: a : x;$

d'où $\quad x = \dfrac{az}{\pm\sqrt{a^2 - 2cz + z^2}}.$

Les mêmes parallèles donnent encore

$$CB : CA :: \dfrac{+BE}{-Be} \cdot \dfrac{+AL}{-Al}, \text{ ou } x : a :: y : z;$$

d'où $\quad z = \dfrac{ay}{x};$

expression qui ne diffère en rien de celle que nous avons trouvée (art. 7) pour la corde de la cissoïde droite.

Si enfin dans l'équation

$$x = \frac{az}{\pm\sqrt{a^2 - 2cz + z^2}},$$

on substitue à z sa valeur $\frac{ay}{x}$, on obtiendra l'équation

$$x^4 - \frac{2cy}{a} x^3 + y^2 x^2 - a^2 y^2 = 0.$$

C'est l'équation de la cissoïde oblique. Elle ne diffère de celle de la cissoïde droite, qu'en ce qu'on y voit figurer un nouveau terme $\frac{2cy}{a} x^3$, qui n'est pas dans celle-ci.

Ce nouveau terme, qui devient le second de l'équation, lui fait à la vérité subir un changement remarquable, puisque, portant un exposant impair, il ôte à cette équation l'avantage qu'elle avait de pouvoir, quoique du quatrième degré, être résolue par les méthodes du second. Si l'on avait $c = 0$, et par suite $s = a$, le terme $\frac{2cy}{a} x^3$ s'évanouirait, et l'équation deviendrait celle de la cissoïde droite.

159. Une valeur de y étant donnée, il faudrait, comme l'on voit, résoudre une équation du quatrième degré, pour trouver la valeur correspondante de x; mais la question présenterait moins de difficultés, si une valeur de x

étant donnée, il fallait trouver les valeurs correspondantes de y.

Que l'équation ci-dessus soit ordonnée en y,
elle deviendra

$$y^2 + \frac{\frac{2c}{a}x^3}{a^2-x^2}y - \frac{x^4}{a^2-x^2} = 0,$$

et ne sera plus que du second degré. Cette équation étant résolue, donnera

$$y = \pm x^2 \frac{\sqrt{a^2 - \frac{a^2-c^2}{a^2}x^2}}{a^2-x^2} - \frac{\frac{c}{a}x^3}{a^2-x^2}$$

ou, en substituant à $a^2 - c^2$ sa valeur s^2,

$$y = \pm x^2 \frac{\sqrt{a^2 - \frac{s^2}{a^2}x^2}}{a^2-x^2} - \frac{\frac{c}{a}x^3}{a^2-x^2}.$$

On voit, par cette équation, que la valeur positive de y est la différence des deux quantités

$$x^2\frac{\sqrt{a^2 - \frac{s^2}{a^2}x^2}}{a^2-x^2} \quad \text{et} \quad \frac{\frac{c}{a}x^3}{a^2-x^2};$$

que sa valeur négative est leur somme; que,
par conséquent, la somme de ces deux valeurs

est le double de $x^2 \dfrac{\sqrt{a^2 - \frac{s^2}{a^2}x^2}}{a^2-x^2}$, et leur diffé-

rence, le double de $\dfrac{\frac{c}{a}x^3}{a^2-x^2}.$

10

Si $c = 0$, et par conséquent $s = a$, le terme

$\dfrac{\frac{c}{a}\,x^3}{a^2 - x^2}$ s'évanouira; on aura $\dfrac{s^2}{a^2} = 1$, et l'équation

deviendra

$$y = x^2 \frac{\sqrt{a^2 - x^2}}{a^2 - x^2} = \frac{x^2}{\sqrt{a^2 - x^2}},$$

comme nous l'avons trouvée pour la cissoïde droite.

160. Si dans l'équation

$$x^4 - \frac{2cy}{a}\,x^3 + y^2 x^2 - a^2 y^2 = 0,$$

on fait $x = 0$, on trouvera aussi $y = 0$ et réciproquement; ce qui annonce que la courbe prend son origine au point C, et qu'elle y est tangente à l'axe CA.

161. Si $x = a$, les deux termes $+ y^2 x^2$, et $- a^2 y^2$ seront égaux, et s'entre-détruiront. L'équation se réduira donc à $x^4 - \frac{2cy}{a}\,x^3 = 0$; ou, parce que $x = a$, $a^4 - \frac{2cy}{a}\,a^3 = 0$, ou $a - \frac{2cy}{a} = 0$, ou $a^2 = 2cy$; d'où $y = \frac{a^2}{2c}$; c'est-à-dire que dans la supposition de $x = a$, il y aura, comme nous l'avons déjà vu (art. 152), une valeur positive de $y = \frac{a^2}{2c}$. La même suppo-

sition de $x = a$ rendra dans l'expression générale de la valeur de y le dénominateur $a^2 - x^2 = 0$;
ce qui fait voir que, dans ce cas, y, indépen-
damment de sa valeur positive $\frac{a^2}{2c}$, aura deux valeurs infinies.

162. Si l'on fait $x = \frac{a^2}{s} = CA'$, l'équation
ordonnée en y deviendra

$$y^2 - \frac{2a^3cs}{a^2s^2 - s^4}y + \frac{a^6}{a^2s^2 - s^4} = 0 ;$$

ou à cause que

$$a^2s^2 - s^4 = (a^2 - s^2)s^2 = c^2s^2,$$

$$y^2 - \frac{2a^3cs}{c^2s^2}y + \frac{a^6}{c^2s^2} = 0, \text{ ou } y^2 - \frac{2a^3}{cs}y + \frac{a^6}{c^2s^2} = 0 ;$$

ou, en tirant la racine carrée, $y - \frac{a^3}{cs} = 0$;
d'où $y = \frac{a^3}{cs}$. C'est la valeur que nous avons
trouvée (art. 154) pour A'R, qui est en effet
l'ordonnée positive, lorsque $x = CA'$.

163. Nous observerons que la supposition de
$x = \frac{a^2}{s}$ donnant 0 pour valeur au carré de la
quantité $y - \frac{a^3}{cs}$, la supposition de $x > \frac{a^2}{s}$ donnerait à ce même carré une valeur négative, et
par conséquent à y une valeur imaginaire. On

10..

est fondé à conclure de là que CA' ou $\frac{a^2}{s}$ est le *maximum* de x.

164. Le point R étant pour la branche émergente CER un point culminant ou de rebroussement, cette courbe, au partir de là, présentera encore pendant quelque temps une concavité à son asymptote, qu'elle finirait infailliblement par couper une seconde fois, si elle conservait indéfiniment une semblable courbure. Donc, puisque (art. 150), sans recouper son asymptote, elle doit s'en rapprocher de plus en plus, jusqu'à se confondre avec elle à une distance infinie, il est nécessaire que, pour présenter définitivement à son asymptote une longue convexité, elle éprouve à quelque point, que nous essayerons de déterminer, une inflexion qui changera sa courbure.

165. Il résulte encore de ce que nous avons vu ci-dessus, que toute ordonnée B'E', qui sera intermédiaire entre l'asymptote AP et la droite A'R, et qui se rapportera par conséquent à quelque point de la portion OE'R de la courbe, ira, étant prolongée, rencontrer une seconde fois la branche CER dans sa partie ultérieure.

Pour toute abscisse CB', intermédiaire entre CA et CA', ou entre a et $\frac{a^2}{s}$, il y aura donc dans la branche émergente deux valeurs différentes de y. Ces deux valeurs différeront d'autant plus l'une de l'autre, que le point B' sera plus rapproché du point A. Lorsque l'on aura CB' $=$ CA $= a$, cette différence sera infiniment grande. Quand on aura CB' $=$ CA' $= \dfrac{a^2}{s}$, elle sera, au contraire, infiniment petite ou nulle; c'est-à-dire qu'alors les deux valeurs de y seront égales et identiques.

Si l'on jette maintenant les yeux sur la branche négative C*er*, on reconnaîtra bientôt que, pour elle, le *maximum* de x n'est autre que CA ou a; mais si, pour toute valeur de x intermédiaire entre CA et CA', on ne trouve dans la branche rentrante ou négative aucune valeur de y, on en trouve, par compensation, deux pour une dans la branche émergente ou positive.

166. Il se présente aussi quelques observations à faire sur cette expression générale de la valeur de y.

$$y = \pm\, x^2 \frac{\sqrt{a - \dfrac{s^2}{a^2}x^2}}{a^2 - x^2} - \frac{\dfrac{c}{a}x^3}{a^2 - x^2}$$

Puisque pour toute la partie CEO de la branche positive, la valeur positive de y s'obtient en retranchant $\dfrac{\dfrac{c}{a}x^3}{a^2 - x^2}$ de $x^2\dfrac{\sqrt{a^2 - \dfrac{s^2}{a^2}x^2}}{a^2 - x^2}$;

il suit qu'alors cette dernière quantité est plus grande que la première.

A mesure que x augmentera de valeur, ces deux quantités augmenteront aussi; mais ce sera en des proportions bien différentes. Ces quantités sont affectées du même dénominateur $a^2 - x^2$; mais le numérateur $\frac{c}{a} x^3$ de la première augmentera en raison de la troisième puissance de x, tandis que le numérateur

$$x^2 \sqrt{a^2 - \frac{s^2}{a^2} x^2},$$

d'une part, ne croîtra qu'en raison de la seconde puissance de x, et de l'autre sera diminué par le facteur $\sqrt{a^2 - \frac{s^2}{a^2} x^2}$, d'autant plus petit que x sera plus grand.

Il y a donc nécessairement un terme auquel les deux quantités

$$x^2 \frac{\sqrt{a^2 - \frac{s^2}{a^2} x^2}}{a^2 - x^2} \quad \text{et} \quad \frac{\frac{c}{a} x^3}{a^2 - x^2}$$

deviendront égales entre elles, et ce sera quand on aura $x = a$. Alors en effet, 1°. $\frac{c}{a} x^3$ sera réduit à $a^2 c$; 2°. on aura aussi

$$x^2 \sqrt{a^2 - \frac{s^2}{a^2} x^2} = a^2 \sqrt{a^2 - s^2} = a^2 \sqrt{c^2} = a^2 c.$$

Il est donc évident que si $x = a$, les deux quantités

$$x^2 \frac{\sqrt{a^2 - \frac{s^2}{a^2} x^2}}{a^4 - x^2} \quad \text{et} \quad \frac{\frac{c}{a} x^3}{a^4 - x^2}$$

seront égales entre elles. Si $x < a$, la première sera la plus grande ; si $x > a$, elle sera la plus petite.

Mais non-seulement la supposition de $x > a$ changera les rapports de ces deux quantités entre elles, il en résultera encore qu'elles changeront de signes, puisque le dénominateur commun $a^2 - x^2$, de positif qu'il était auparavant,

deviendra négatif ; la quantité $\frac{\frac{c}{a} x^3}{a^2 - x^2}$ qui était

affectée du signe —, prendra le signe +, et il y aura permutation entre les deux signes qui affectaient le terme

$$x^2 \frac{\sqrt{a^2 - \frac{s^2}{a^2} x^2}}{a^2 - x^2};$$

le signe + qui se rapportait à la valeur positive de y, fera place au signe —, et réciproquement.

167. Il résulte des observations ci-dessus, qu'aussitôt que l'on a $x > a$,

1°. le terme $-\dfrac{\frac{c}{a}x^3}{a^2-x^2}$ devient positif et plus

grand que $x^2 \dfrac{\sqrt{a^2-\frac{s^2}{a^2}x^2}}{a^2-x^2}$.

2°. Le terme $x^2 \dfrac{\sqrt{a^2-\frac{s^2}{a^2}x^2}}{a^2-x^2}$ doit être pris
négativement pour la valeur positive de y, et
positivement pour sa valeur négative.

On obtiendra donc la valeur positive de y
en retranchant

$$x^2 \dfrac{\sqrt{a^2-\frac{s^2}{a^2}x^4}}{a^2-x^2} \text{ de } \dfrac{\frac{c}{a}x^3}{a^3-x^2},$$

et cette valeur demeurera toujours positive,
puisque la seconde de ces quantités sera plus
grande que la première. La valeur négative de y,
celle du moins que nous appelions ci-devant
ainsi, sera toujours la somme des deux quantités

$$x^3 \dfrac{\sqrt{a^2-\frac{s^2}{a^2}x^2}}{a^2-x^2} \text{ et } \dfrac{\frac{c}{a}x^3}{a^2-x^2};$$

mais de négative qu'elle était, elle sera devenue
positive, et se mesurera au-dessus de l'axe CA.
Ceci explique comment, pour chaque valeur
de x intermédiaire entre a et $\dfrac{a^2}{s}$, il y a du côté

de la branche positive deux valeurs de y. La plus petite de ces valeurs est celle qui, si l'on peut s'exprimer ainsi, appartient en propre à la branche émergente ou positive; l'autre ne semble lui être acquise que par une sorte d'emprunt qu'elle a fait à la branche rentrante ou négative.

Sitôt que l'on a $x = a$, y acquiert dans la branche négative une valeur infinie; mais cette valeur est à la fois positive et négative, et c'est à partir de là que toutes les ordonnées de cette branche se trouvent transportées du côté de la branche positive.

168. Quand arrivera-t-il que les deux valeurs de y répondant à une abscisse commune, soient égales entre elles et se terminent par conséquent à un même point de la courbe? Ce sera évidemment quand la quantité

$$x^2 \frac{\sqrt{a^2 - \frac{c^2}{a^2}x^2}}{a^2 - x^2}$$

sera nulle, puisque c'est elle qu'il faut retrancher de $-\dfrac{\frac{c}{a}x^3}{a^2 - x^2}$, ou qu'il faut y ajouter, pour avoir les valeurs correspondantes de y.

Faisons donc $x^2 \dfrac{\sqrt{a^2 - \frac{s}{a^2}x^2}}{a^2 - x^2} = o$, équation qui se réduit à celle-ci,

$$\sqrt{a^2 - \frac{s^2}{a^2}x^2} = 0;$$

ou, en élevant au carré,

$$a^2 - \frac{s^2}{a^2}x^2 = 0, \text{ ou } a^4 - s^2x^2 = 0,$$

ou $\qquad a^2 = sx, \text{ ou } x = \dfrac{a^2}{s} = CA'.$

Pour avoir la valeur commune des y, il faut dans $-\dfrac{\frac{c}{a}x^3}{a^2 - x^2}$ substituer à x sa valeur $\dfrac{a^2}{s}$; on trouvera

$$\frac{c}{a}x^3 = \frac{a^5 c}{s^3}, \text{ et } a^2 - x^2 = a^2 - \frac{a^4}{s^2} = \frac{a^2 s^2 - a^4}{s^2},$$

ou (à cause que $a^2 s^2 - a^4 = -a^2 c^2$) $= -\dfrac{a^2 c^2}{s^2}$. On aura donc

$$y = -\frac{-\dfrac{a^5 c}{s^3}}{-\dfrac{a^2 c^2}{s^2}} = -\frac{a^5 c}{s^3} \times -\frac{s^2}{a^2 c^2} = \frac{a^3}{cs} = A'R.$$

Il est bien démontré par là que le point R est le point culminant de la branche CER, et que CA' est le *maximum* de x.

C'est cette démonstration que nous avons

annoncée (art. 151), et que nous avons déjà
donnée sous une autre forme (art. 163).

169. Nous avons vu (art. 166) que quand
$x = a$, les deux quantités

$$x^2 \frac{\sqrt{a^2 - \frac{s^2}{a^2} x^2}}{a^2 - x^2} \quad \text{et} \quad \frac{\frac{c}{a} x}{a^2 - x^2}$$

sont égales. Or, leur différence détermine la valeur positive de y. Cette valeur, dans le cas que
nous citons, devrait donc être nulle; et cependant, nous avons vu (art. 152) qu'elle est égale
à $\frac{a^2}{2c}$.

Nous pourrions répondre à cette objection
qu'au même moment où les quantités ci-dessus
deviennent égales, elles deviennent aussi l'une
et l'autre infiniment grandes, et que deux quantités infiniment grandes peuvent, sans cesser
d'être égales, reconnaître entre elles une différence finie; mais il y a ici quelque chose à dire
de plus. Les deux quantités

$$x^2 \frac{\sqrt{a^2 - \frac{s^2}{a^2} x^2}}{a^2 - x^2} \quad \text{et} \quad \frac{\frac{c}{a} x^3}{a^2 - x^2}$$

se confondent sur une même direction, qui est
celle de l'ordonnée, et s'y prolongent à l'infini;
mais elles ne partent pas l'une et l'autre du

même point de cette ligne. Il est aisé de prouver, et nous prouverons bientôt en effet, que, dans la supposition de $x = a$, la première prend son origine au point A, tandis que la seconde prend la sienne au point O. Ainsi, quelque égales que l'on veuille supposer ces lignes, elles diffèrent entre elles dès leur origine, de la quantité $AO = \frac{a^2}{2c}$, et cette quantité-là est la valeur positive de y.

170. Il est digne de remarque, et nous allons démontrer que l'angle ECe, formé par deux cordes correspondantes CE, Ce des deux branches CER, Cer, est toujours divisé en deux parties égales par l'axe CA.

En effet, à cause des parallèles Ll, Ee, on a CL : Cl :: CE : Ce, mais CE $=$ AL et C$e=$Al; on aura donc CL : Cl :: AL : Al.

Dans le triangle CLl, le côté Ll est donc divisé par l'axe CA en parties AL, Al, proportionnelles aux deux autres côtés CL, Cl. Or, il est connu en Géométrie que cela ne peut arriver que dans le cas où la ligne CA divise en deux parties égales l'angle LCl. Donc les deux angles ACL, ACl ou BCE, BCe, sont égaux entre eux.

Si $x=a$, l'angle ECe deviendra OCι, qui est évidemment divisé en deux parties égales par l'axe CA. En effet, les angles ACO, ACι, sont égaux entre eux, puisqu'ils sont égaux l'un et l'autre au même angle CAO.

Si $x >$ CA, les ordonnées B'E', B'e', seront (art. 167) toutes les deux du côté positif de l'axe, et les cordes correspondantes CE', Ce', iront par conséquent aussi toutes les deux rencontrer la courbe et l'asymptote de ce même côté; mais, dans ce cas-là même, il sera toujours vrai de dire que l'axe CA divisera en deux parties égales l'angle E'Cf' formé par l'une CE' des deux cordes, et par le prolongement Cf' de l'autre. D'ailleurs, il est évident que l'angle E'Ce', formé par les deux cordes correspondantes CE', Ce', sera coupé lui-même en deux parties égales par la droite CR, perpendiculaire à l'axe CA.

171. Il suit que si l'on a une corde quelconque CE, et que l'on fasse l'angle AC$e =$ l'angle ACE, la droite Ce ira couper l'une ou l'autre branche de la cissoïde oblique en un point e, qui répondra à la même abscisse que le point E.

172. Puisque l'angle ECe est divisé en deux parties égales par l'axe CA, il suit que chaque point de l'axe CA sera toujours à la même distance perpendiculaire de deux cordes correspondantes CE, Ce.

Si, du point A, on mène à la corde CE la perpendiculaire AS, les triangles semblables

ASL, C*b*E, donneront

$$AS : AL :: Cb : CE;$$

mais AL = CE; donc aussi AS = C*b*; c'est-à-dire que la distance du point A à la corde CE est égale à celle du point C à l'ordonnée BE. La valeur de C*b* se trouve par cette proportion

$$CA : CB :: CD : Cb, \quad \text{ou} \quad a : x :: s : CB;$$

d'où
$$Cb = \frac{sx}{a}.$$

On aura donc aussi $AS = \frac{sx}{a}$. C'est l'expression générale de la distance perpendiculaire du point A à deux cordes correspondantes quelconques.

Si du point B on mène sur la corde CE la perpendiculaire B*s*, on aura

$$CA : CB :: AS : Bs, \quad \text{ou} \quad a : x :: \frac{sx}{a} : Bs;$$

d'où
$$Bs = \frac{sx^2}{a^2}.$$

C'est l'expression générale de la distance d'un point quelconque de l'axe CA aux cordes passant par les deux points de la cissoïde oblique, qui reconnaissent pour abscisse commune la distance de ce point au point C.

173. Soit CB ou *x* une abscisse quelconque de

la cissoïde oblique, et $\frac{BE}{Be}$ ou y l'ordonnée cor-

respondante ; si l'on tire la sécante $\frac{CEL}{Cel}$, et que

du point A on mène jusqu'à cette sécante une

droite $\frac{AF}{Af}$, qui fasse avec l'asymptote Pp un angle

$\frac{FAL}{fAl}$ égal à l'angle $\frac{ACF}{ACf}$, les deux triangles $\frac{AFL}{Afl}$

et $\frac{CBE}{CBe}$ seront parfaitement égaux ; car ils sont

semblables, et leurs côtés homologues $\frac{AL}{Al}$ et $\frac{CE}{Ce}$

sont égaux. On aura donc aussi $\frac{AF}{Af} = CB = x$,

et $\frac{FL}{fl} = \frac{BE}{Be} = y$. Mais, quels que soient les

angles égaux $\frac{FAL}{fAL}$, $\frac{ACF}{ACf}$, il est évident que la

somme des deux angles $\frac{CAF}{CAf}$ et $\frac{ACF}{ACf}$ sera tou-

jours égale à l'angle $\frac{CAL}{CAl}$, supplément de l'angle

$\frac{ACT}{ACt}$, et par conséquent l'angle $\frac{AFC}{AfC}$, supplé-

ment de cette même somme, sera constamment

égal à l'angle $\frac{ACT}{ACt}$. Tous les points $\frac{F}{f}$ formeront

donc un arc de cercle $\frac{AFC}{AffC}$, qui sera la double

mesure du supplément de l'angle $\frac{AFC}{AfC}$, ayant

son sommet à la circonférence du cercle. Pour

décrire ce cercle, il faut mener deux perpendiculaires, l'une du point A sur l'asymptote Pp,
l'autre du point O sur l'axe CA, qu'elle divisera
en deux parties égales. Le point Q, où ces deux
perpendiculaires se rencontreront, sera le centre
du cercle que l'on cherche, et QA sera son
rayon.

La partie $\genfrac{}{}{0pt}{}{AFC}{Af\!fc}$ de la circonférence de ce cercle

qui sera au $\genfrac{}{}{0pt}{}{dessus}{dessous}$ de l'axe CA sera la double

mesure du supplément de l'angle $\genfrac{}{}{0pt}{}{ACT}{ACt}$. Il est

évident aussi que cette circonférence touchera
l'asymptote au point A, et la droite CO au
point C.

Si par un point quelconque $\genfrac{}{}{0pt}{}{F}{f}$ de la circonfé-

rence AFCfA, on tire les cordes $\genfrac{}{}{0pt}{}{FA}{fA}$, $\genfrac{}{}{0pt}{}{FC}{fC}$, et

que l'on prolonge cette dernière jusqu'à ce

qu'elle rencontre l'asymptote en $\genfrac{}{}{0pt}{}{L}{l}$; que por-

tant ensuite la corde $\genfrac{}{}{0pt}{}{AF}{Af}$ comme abscisse de C

en B, et menant $\genfrac{}{}{0pt}{}{BE}{Be}$ parallèlement à l'asymp-

tote, on fasse $\genfrac{}{}{0pt}{}{BE}{Be}=\genfrac{}{}{0pt}{}{FL}{fl}$, le point $\genfrac{}{}{0pt}{}{E}{e}$ appartiendra

à la fois à la sécante $\genfrac{}{}{0pt}{}{CL}{Cl}$ et à la branche $\genfrac{}{}{0pt}{}{CER}{Cer}$ de

la cissoïde oblique.

On peut donc regarder le cercle AFC*f*A comme le cercle générateur des deux branches positive et négative CER, C*er* de la cissoïde oblique. Un cercle semblable C*na* décrit du point *q* comme centre, servirait pour les deux autres branches de la cissoïde oblique.

Nous avons vu (art. 5) que la nouvelle cissoïde droite reconnaît aussi un cercle générateur ; mais, comme dans cette dernière courbe les deux angles CAO, ACT sont droits et égaux, son cercle générateur est divisé en deux parties égales par l'axe CA qui, par conséquent, est son diamètre.

174. Si l'on tire le diamètre AK et la corde CK, les triangles semblables CDA, ACK donneront

$$CD : CA :: CA : AK, \quad \text{ou} \quad s : a :: a : AK;$$

d'où $\qquad AK = \frac{a^2}{s} = CA'.$

AK est donc le *maximum* de *x*, et en effet le diamètre d'un cercle est le *maximum* de ses cordes.

Si l'on veut avoir la valeur de CK, on la trouvera par cette proportion

$$CD : AD :: CA : CK, \quad \text{ou} \quad s : c :: a : CK;$$

d'où $\qquad CK = \frac{ac}{s}.$

Lorsque deux points F, f de la circonférence
AFCfA seront sur une même parallèle Ff à
l'asymptote, ils donneront l'un et l'autre à x
la même valeur. En effet, les arcs AF, Af seront
égaux, et par conséquent leurs cordes aussi
seront égales.

175. Le cercle générateur AFCfA présente
à nos yeux, sur la figure, les mêmes résultats
que nous avons ci-dessus obtenus par l'analyse.

Du milieu G de la droite Ff soit tirée la
droite CG, qui passera aussi au milieu g de la
double ordonnée Ee. Nous avons vu (art. 159)

que $x^2 \dfrac{\sqrt{a^2 - \frac{s^2}{a^4} x^2}}{a^2 - x^2}$ est la moitié de la double

ordonnée Ee. Cette quantité est donc représentée
par gE ou par ge, et se mesure des points E, e
au milieu de la double ordonnée.

Bg est la quantité qu'il faut retrancher de gE,
ou qu'il faut ajouter à ge pour avoir les deux
valeurs positive et négative de y. C'est donc

cette quantité qui est représentée par $\dfrac{\frac{c}{a} x^3}{a^2 - x^2}$.

Elle se mesure du point B de l'axe CA au milieu g de la double ordonnée. Lorsque $x = a$,
les points E, B se trouvent transportés aux
points O, A. C'est donc avec raison que nous
avons dit (art. 169) que, dans ce cas, la quan-

tité $x^2 \dfrac{\sqrt{a^2 - \frac{c^2}{a^2}x^2}}{a^2 - x^2}$ se mesurait du point O, et

la quantité $\dfrac{\frac{c}{a}x^3}{a^2 - x^2}$ du point A.

176. Tant que la ligne Ff sera intermédiaire entre les droites PAp, TCt, c'est-à-dire tant que l'on aura $x <$ CA, la double ordonnée Ee aura aussi une position semblable, et les cordes CE, Ce, prolongées, iront rencontrer l'asymptote, l'une au-dessus et l'autre au-dessous de l'axe CA.

Mais qu'arrivera-t-il, si la ligne Ff se trouve transportée en F'f' de l'autre côté de la ligne TCt, ce qui annonce que l'on a $x > a$? Il est évident qu'alors les droites CF', Cf' étant prolongées, iront l'une et l'autre rencontrer la branche CER, et l'asymptote AP au-dessus et du même côté de l'axe CA. Les valeurs de l'ordonnée y et de la corde z seront donc alors toutes les deux positives.

Les lignes L'l', E'e', seront aussi toutes les deux de ce même côté de l'axe, et seront coupées chacune en deux parties égales par le prolongement Cg' de la ligne CG' (*).

_____

(*) La figure 15 n'étant point assez grande pour

11..

La quantité $x^3 \dfrac{\sqrt{a^2 - \frac{s^2}{a^2}x^2}}{a^2 - x^2}$ sera la moitié de
E'e', et se mesurera du milieu g' de E'e'. La
moitié g'E' qui se mesurera de g' en redescendant vers E', sera négative; celle g'e', qui se
mesurera dans un sens contraire, c'est-à-dire
de g' vers e', sera positive.

La quantité $\dfrac{\frac{c}{a}x^3}{a^2 - x^2}$ sera devenue positive, et
se mesurera du point B' de l'axe CA au milieu
de E'e'.

La valeur positive B'E' de y sera la différence
des deux quantités B'g' et E'g'.

La valeur ci-devant négative de y et devenue
positive, sera la somme des deux mêmes quantités B'g' et E'g', ou plutôt B'g' et g'e'.

Les triangles AF'L', Af'l seront toujours parfaitement égaux aux triangles CB'E', CB'e'.

177. Examinons maintenant plus particu-

---

qu'on ait pu y exprimer les points e', l', g', il faut imaginer, 1°. que la ligne Ce' est prolongée jusqu'à ce qu'elle
rencontre en un point e' le prolongement de B'E', et en
un autre point l' le prolongement de l'asymptote AP;
2°. que la ligne Cg' est prolongée jusqu'à ce qu'elle
rencontre le prolongement de B'E' en un point g' qui
se trouvera à égales distances des deux points E', e'.

lièrement ce qui arrivera, lorsque la droite Ff se trouvera transportée exactement en CO'.

x sera dans ce cas égal à la corde AC ou AO', c'est-à-dire à a. Dans la branche positive, la corde CE sera devenue CO; l'ordonnée BE sera AO; les triangles ALF, CEB, se confondront l'un et l'autre avec le triangle COA, et la valeur de AO ou de y sera $\frac{a^2}{2c}$.

Dans la branche négative, les côtés Af, $f l$, du triangle A$f l$, se confondront l'un et l'autre avec l'asymptote Ap; les trois côtés du triangle CBe égal à A$f l$, se confondront avec la droite Ct. La corde Ce devenue CO', ne pourra plus, de quelque côté qu'on la prolonge, rencontrer ni la courbe, ni son asymptote, ou plutôt elle les rencontrera et de l'un et de l'autre côté, mais à des distances infinies. C'est à ce moment que la branche négative commence à transporter ses ordonnées du côté opposé, et elles s'y maintiendront aussi long-temps que x aura des valeurs réelles plus grandes que a.

Ce parallèle, que l'on pourrait étendre davantage, démontre le parfait accord qui existe entre les résultats donnés par le cercle générateur AFCfA, et ceux que nous avions obtenus de l'analyse.

178. La circonférence du cercle générateur AFCfA rencontre les deux branches de la cissoïde

oblique en deux points I, i. Ces deux points sont sur une même parallèle à l'asymptote, et répondent par conséquent à une abscisse commune. En effet, lorsque les droites Ff, Ee, se trouvent confondues au point I, la même chose doit nécessairement arriver au point i, et la droite Ii réunissant les propriétés des deux droites Ff, Ee, est, comme la première, coupée en deux parties égales par le diamètre AK; de sorte que les arcs AI, Ai, sont égaux, et par suite aussi les angles ACI, ACi.

179. Les points C, A, I, i (fig. 17) étant tous les quatre sur une même circonférence de cercle, leurs cordes CA, Ii, se couperont en parties réciproquement proportionnelles, et l'on aura

$$CB : BI :: Bi : BA;$$

d'où

$$BI \times Bi = CB \times BA = x \times (a - x) = ax - x^2;$$

c'est-à-dire que le produit des deux valeurs de y multipliées l'une par l'autre, est égal à $ax - x^2$.

Il est à observer encore que les triangles $\frac{AIL}{Ail}$ et $\frac{CBI}{CBi}$ étant parfaitement égaux, on aura ici

$$\frac{IL}{il} = \frac{IB}{iB} = y, \text{ et } \frac{CL}{Cl} = \frac{CI}{Ci} + \frac{IL}{il} = z + y.$$

On peut remarquer enfin que le triangle

$\dfrac{iBA}{IBA}$ est semblable aux triangles parfaitement

égaux $\dfrac{CBI}{CBi}$ et $\dfrac{AIL}{Ail}$.

180. Il ne sera pas hors de propos de déterminer la valeur de l'abscisse commune CB, à laquelle se rapportent les deux points I, i.

Observons d'abord que Ii étant dans le cercle générateur, une corde perpendiculaire à son diamètre AK sera coupée par ce diamètre en deux parties égales ; mais Ii est en même temps une double ordonnée de la cissoïde oblique. Cette double ordonnée est donc aussi coupée en deux parties égales par le diamètre AK, et c'est la seule à qui cela puisse arriver. Toute autre double ordonnée de la cissoïde oblique aura son milieu au-dessus ou au-dessous de ce diamètre. Cette double ordonnée Ii est donc aussi la seule dont la partie BH comprise entre l'axe CA et le diamètre AK, se trouve en même temps comprise entre son propre milieu et l'axe CA, et soit en conséquence, comme nous l'avons vu (art. 175)

représentée par $\dfrac{\frac{c}{a}x^3}{a^2-x^2}$. Nous avons donc ici

$$BH = \dfrac{\frac{c}{a}x^3}{a^2-x^2}.$$

Maintenant, les triangles semblables ACK

AHB, donnent AK : CK :: AB : BH, c'est-à-

dire $\frac{a^2}{s} : \frac{ac}{s}$, ou $a : c :: a - x : \dfrac{\frac{c}{a}x^3}{a^2 - x^2}$, ou, en

faisant le produit des extrêmes et celui des moyens,

$$\frac{cx^3}{a^2 - x^2} = ac - cx, \quad \text{ou} \quad \frac{x^3}{a^2 - x^2} = a - x,$$

ou $\qquad x^3 = a^3 - a^2 x - ax^2 + x^3,$

ou $ax^2 + a^2 x - a^3 = 0$, ou $x^2 + ax - a^2 = 0$,

équation du second degré, qui, étant résolue,

donne $x = \dfrac{\sqrt{5} - 1}{2}\, a.$

La seule constante a figurant dans cette valeur de x, c'est une preuve qu'elle est indépendante des quantités c et s. Aussi est-elle absolument la même que celle qui, dans une question semblable, a été (art. 14) trouvée pour la cissoïde droite.

181. Il est une autre propriété qui appartient exclusivement aux points I, i; c'est que, quelle que soit la valeur de c ou de AD, ils donneront toujours $CI - CL = 2c$.

Pour le prouver, il faut considérer que

$CI = Ii + Ci$, et que $CL = LI + CI$.

On a donc

$$Cl - CL = li - LI + Ci - CI,$$

ou en mettant à la place des lignes li, LI, Ci, CI, leurs égales

Bi, BI, Al, AL, $Cl - CL = Bi - BI + Al - AL$;

mais nous avons vu (art. 159) que la différence entre les deux valeurs Bi et BI de y est le double

de $\dfrac{\frac{c}{a}x^3}{a^2 - x^2}$; et, pour avoir la valeur de $Al - AL$, on peut faire cette proportion,

$$CB : CA :: Bi - BI : Al - AL,$$

ou $\qquad x : a :: \dfrac{\frac{2c}{a}x^3}{a^2 - x^2} : Al - AL$;

d'où $\qquad Al - AL = \dfrac{2cx^2}{a^2 - x^2}.$

On aura donc

$$Cl - CL = \frac{\frac{2c}{a}x^3 + 2cx^2}{a^2 - x^2} = \frac{2cx^3 + 2acx^2}{a(a^2 - x^2)}$$

$$= \frac{2cx^2(a + x)}{a(a^2 - x^2)} = \frac{2cx^2}{a(a - x)} = \frac{2cx^2}{a^2 - ax}.$$

Or si, dans cette équation, on substitue à x sa

valeur $\frac{\sqrt{5}-1}{2}a$, elle se réduira à $Cl - CL = 2c$.

182. Si l'on désirait savoir quelles doivent être les valeurs de c et de s, pour que dans la branche émergente le point I se trouve exactement sur la ligne CD, il faudrait considérer que cette condition sera remplie, lorsqu'une perpendiculaire QN, menée du centre du cercle générateur sur CD, coupera cette ligne de manière que l'on ait $CN = \frac{AD}{2} = \frac{c}{2}$, et par conséquent $AQ + CN$, ou $\frac{a^2}{2s} + \frac{c}{2} = CD = s$; ou, en substituant à c sa valeur

$$\sqrt{a^2 - s^2},\ \frac{a^2}{2s} + \frac{\sqrt{a^2 - s^2}}{2} = s,$$

ou $\qquad 2s^2 = a^2 + s\sqrt{a^2 - s^2},$

ou $\qquad 2s^2 - a^2 = s\sqrt{a^2 - s^2};$

ou, en élevant au carré,

$$4s^4 - 4a^2 s^2 + a^4 = a^2 s^2 - s^4,$$

ou $\qquad 5s^4 - 5a^2 s^2 + a^4 = 0,$

ou $\qquad s^4 - a^2 s^2 + \frac{a^4}{5} = 0.$

Cette équation étant résolue, donne

$$s^2 = \frac{5 + \sqrt{5}}{10} a, \ \text{ et } \ s = \sqrt{\frac{5 + \sqrt{5}}{10}} a.$$

On trouvera ensuite $c = \sqrt{\frac{5 - \sqrt{5}}{10}} a.$

183. Nous avons vu (art. 13) que chaque branche de la cissoïde droite coupe dans son milieu le quart de circonférence décrit du point C comme centre, avec un rayon égal à l'axe a, et que, par conséquent, la corde menée au point d'intersection, divise en deux parties égales l'angle formé au point C par l'axe et par une parallèle à l'asymptote. Cette observation est également applicable à la cissoïde oblique.

Si du point C comme centre, avec l'axe CA pour rayon, on décrit une circonférence de cercle MFAfm, qui rencontre en $\begin{smallmatrix}F\\f\end{smallmatrix}$ la cissoïde oblique, et que l'on tire la corde $\begin{smallmatrix}CF\\Cf\end{smallmatrix}$, elle divisera l'angle $\begin{smallmatrix}ACM\\ACm\end{smallmatrix}$ en deux parties égales.

En effet, pour que l'on ait $\begin{smallmatrix}CF\\Cf\end{smallmatrix} = CA$, il faut que l'on ait aussi $\begin{smallmatrix}AL'\\Al'\end{smallmatrix} = CA$, et si l'on tire la droite $\begin{smallmatrix}ML'\\ml'\end{smallmatrix}$, la quadrilatère $\begin{smallmatrix}ACML'\\ACml'\end{smallmatrix}$ sera un rhombe

parfait, dont chaque côté sera égal à CA. Donc,
la diagonale $\frac{CL'}{Cl'}$ divisera l'angle $\frac{ACM}{ACm}$ en deux
parties égales.

Les angles ACF, ACf, moitiés des angles de
suite **ACM**, **AC**m, formeront par leur réunion
un angle droit FCf; et si les droites CF, Cf
étaient prolongées jusqu'à rencontrer la troisième et la quatrième branche de la cissoïde oblique, les quatre points d'intersection formeraient
un rhombe parfait, ayant $2a$ pour côté. Ce
rhombe, dans la cissoïde droite, serait un carré.

184. Puisque dans le triangle $\frac{CAL'}{CAl'}$ on a
$\frac{AL'}{Al'} = a$, il suit qu'au point $\frac{F}{f}$, l'abscisse $\frac{CG}{Cg}$
et l'ordonnée $\frac{FG}{fg}$ seront égales. Cherchons quelle
est dans la branche positive leur valeur com-
mune. Nous avons vu (art. 158), que

$$CL' = \sqrt{a^2 - 2cz + z^2};$$

et comme ici $z = a$, nous aurons

$$CL' = \sqrt{a^2 - 2ac + a^2}$$
$$= \sqrt{2a^2 - 2ac} = \sqrt{2a(a-c)}.$$

Faisant ensuite la proportion

$$CL' : CF :: CA : x, \quad \text{ou} \quad \sqrt{2a(a-c)} : a :: a : x,$$

nous aurons

$$x = \frac{a^2}{\sqrt{2a(a-c)}};$$

ce sera aussi la valeur de y.

On trouvera par un procédé semblable la valeur de x répondant au point f de la branche négative. Il faut seulement se rappeler qu'ici on n'a pas $z = a$, mais $z = -a$. Ce qui dans l'équation $Cl = \sqrt{a^2 - 2cz + z^2}$, rend le terme $-2cz$ positif. On aura donc

$$Cl = \sqrt{2a(a+c)} \quad \text{et} \quad x = \frac{a^2}{\sqrt{2a(a+c)}}.$$

La valeur de y sera la même; mais elle sera négative.

185. Nous avons vu (art. 23) que chaque point de la nouvelle cissoïde droite peut être considéré comme l'intersection de deux ellipses qui ont l'axe de la cissoïde, l'une pour premier demi-axe, l'autre pour premier axe, et dont les seconds demi-axe ou axe ont des valeurs que nous avons appris à déterminer.

Il est également vrai que deux points E, e (fig. 16) de la cissoïde oblique répondant sur ses deux branches positive et négative à une abscisse commune CB, peuvent être considérés chacun comme l'intersection de deux ellipses qui ont leurs centres, la plus grande dans la parallèle FF', menée du point C à l'asymptote, la plus petite dans une autre parallèle à l'asymptote menée par le milieu S de l'axe CA, et qui ont toutes les deux leurs diamètres conjugués parallèles, l'un à l'axe et l'autre à l'asymptote.

Il sera peut-être de quelque intérêt de déterminer la valeur de ces diamètres conjugués. Nous devrons du moins à cette recherche la connaissance de quelques nouveaux rapports entre la nouvelle cissoïde droite et la cissoïde oblique.

Observons d'abord que la double ordonnée Ee de la cissoïde oblique n'étant point divisée par l'axe CA en deux parties égales, ce n'est point sur cet axe que doivent se trouver les centres des ellipses en question, mais sur une parallèle à cet axe menée par le milieu b de Ee. La distance Bb ou Cc, mesurée parallèlement à l'asymptote, entre cette parallèle Gg et l'axe CA, est la moitié de la différence qui existe entre les deux ordonnées correspondantes BE, Be. Or, cette demi-différence, nous la connaissons; elle est égale à

$$\frac{\frac{c}{a}x^2}{a^2-x^2}.$$ On a donc B$b=\dfrac{\frac{c}{a}x^2}{a^2-x^2}$. Nous savons

aussi que $\dfrac{\mathrm{E}e}{2}$, ou $b\mathrm{E}=x^2\dfrac{\sqrt{a^2-\frac{s^2}{a^2}x^2}}{a^2-x^2}$. Donc

si par le point b on mène parallèlement à l'axe la droite Gg, et que du point A on mène AH parallèlement à l'asymptote, Gg sera

la direction commune des premiers diamètres conjugués des deux ellipses, et l'on connaîtra, dans
chacune d'elles, deux ordonnées, savoir, 1°. l'or-
donnée AH ou aH, qui est égale à $\dfrac{\frac{c}{a}x^2}{a^2-x^2}$, et qui
répond à l'abscisse cH $= a$; 2°. l'ordonnée bE
ou be, qui est égale à $x^2\dfrac{\sqrt{a^2-\frac{s^2}{a^2}}}{a^2-x^2}$, et qui répond à l'abscisse $cb = x$.

Il sera facile, avec ces données, de tracer ces
deux ellipses, et de trouver la valeur de leurs
diamètres conjugués.

Commençons par la grande ellipse, qui doit
avoir son centre au point c, et dont les diamètres conjugués doivent être dirigés suivant les
droites cG, cF.

Nous supposons que cG et cF sont les deux demi-
diamètres conjugués cherchés, et faisant cG $= m$,
cF $= b$, continuant d'ailleurs de représenter CB
ou cb par x, nous allons comparer $\dfrac{\frac{c}{a}x^3}{a^2-x^2}$, valeur déjà connue de la ligne AH, avec celle
qu'elle a comme ordonnée d'une ellipse qui a m
pour premier demi-axe, b pour second demi-
axe, et a pour abscisse, ladite abscisse mesurée
du centre c de l'ellipse.

Cette seconde valeur de AH est $\frac{b}{m}\sqrt{m^2-a^2}$.

Posons donc l'équation

$$\frac{\frac{c}{a}x^3}{a^2-x^2} = \frac{b}{m}\sqrt{m^2-a^2},$$

qui nous donnera

$$b = \frac{mcx^3}{a(a^2-x^2)\sqrt{m^2-a^2}},$$

et cherchons une seconde valeur de b.

Nous comparerons pour cela

$$x^2\frac{\sqrt{a^2-\frac{s^2}{a^2}x^2}}{a^2-x^2},$$

valeur déjà connue de la ligne bE avec celle qu'elle a comme ordonnée de la même ellipse que ci-dessus, mais répondant maintenant au point qui a $cb = x$ pour abscisse. Cette seconde valeur est $\frac{b}{m}\sqrt{m^2-x^2}$. Posons donc l'équation

$$x^2\frac{\sqrt{a^2-\frac{s^2}{a^2}x^2}}{a^2-x^2} = \frac{b}{m}\sqrt{m^2-x^2},$$

qui nous donnera

$$b = mx^2\frac{\sqrt{a^2-\frac{s^2}{a^2}x^2}}{(a^2-x^2)\sqrt{m^2-x^2}}$$

Comparant maintenant entre elles les deux valeurs de b, que nous venons de trouver, nous aurons

$$\frac{mcx^3}{a(a^2-x^2)\sqrt{m^2-a^2}} = mx^2 \frac{\sqrt{a^2-\frac{s^2}{a^2}x^2}}{(a^2-x^2)\sqrt{m^2-x^2}},$$

ou

$$\frac{cx}{a\sqrt{m^2-a^2}} = \frac{\sqrt{a^2-\frac{s^2}{a^2}x^2}}{\sqrt{m^2-x^2}};$$

ou, en élevant au carré,

$$\frac{c^2x^2}{a^2m^2-a^4} = \frac{a^4-s^2x^2}{a^2m^2-a^2x^2},$$

ou

$$\frac{c^2x^2}{m^2-a^2} = \frac{a^4-s^2x^2}{m^2-x^2},$$

ou $(a^4 - s^2x^2 - c^2x^2) m^2 = a^6 - a^2s^2x^2 - c^2x^4;$

ou, à cause que

$$- s^2x^2 - c^2x^2 = - a^2x^2,$$

$$(a^4 - a^2x^2)m^2 = a^6 - a^2s^2x^2 - c^2x^4;$$

d'où $m^2 = \dfrac{a^6 - a^2s^2x^2 - c^2x^4}{a^4 - a^2x^2} = \dfrac{a^4 - s^2x^2 - \frac{c^2}{a^2}x^4}{a^2 - x^2}$

et

$$m = \sqrt{\frac{a^4 - s^2x^2 - \frac{c^2}{a^2}x^4}{a^2 - x^2}}.$$

12

Le demi-diamètre m étant connu, on trouvera l'autre demi-diamètre conjugué par l'une ou par l'autre des équations

$$b = \frac{mcx^3}{a(a^2 - x^2)\sqrt{m^2 - a^2}}$$

et

$$b = mx^2 \frac{\sqrt{a^2 - \frac{x^2}{a^2}x^2}}{(a^2 - x^2)\sqrt{m^2 - x^2}}$$

Passons à la petite ellipse, qui doit avoir son centre au point s et ses diamètres conjugués dirigés, le premier suivant sG, le second suivant sf.

Nous supposons que li et ff' sont ces diamètres, et nommant le premier n, le second β, nous allons comparer $\frac{\frac{c}{a}x^3}{a^2 - x^2}$, valeur déjà connue de AH, avec celle que doit avoir cette ligne comme ordonnée d'une ellipse dont li ou n est le premier diamètre conjugué (et par conséquent sI ou $\frac{n}{2}$ la moitié de ce diamètre), ff' ou β le second diamètre conjugué, et sII ou SA, ou $\frac{a}{2}$, l'abscisse, ladite abscisse mesurée du centre s de l'ellipse. Cette seconde valeur est

$$\frac{\beta}{n}\sqrt{\frac{n^2}{4} - \frac{a^2}{4}}, \quad \text{ou} \quad \frac{\beta}{2n}\sqrt{n^2 - a^2}.$$

Posons donc cette équation

$$\frac{\frac{c}{a} x^3}{a^2 - x^2} = \frac{\beta}{2n} \sqrt{n^2 - a^2},$$

qui nous donnera

$$\beta = \frac{2cn x^3}{c(a^2 - x^2) \sqrt{n^2 - a^2}},$$

et cherchons une seconde valeur de β.

Nous comparerons pour cela

$$x^2 \frac{\sqrt{a^2 - \frac{s^2}{a^2} x^2}}{a^2 - x^2},$$

valeur déjà connue de bE, avec celle que doit avoir cette ligne, comme ordonnée de la même ellipse que ci-dessus, mais répondant maintenant au point dont l'abscisse sb ou SB est $x = \frac{a}{2}$.

Cette seconde valeur est

$$\frac{\beta}{n} \sqrt{\frac{n^2}{4} - \left(x - \frac{a}{2}\right)^2} = \frac{\beta}{n} \sqrt{\frac{n^2 - (2x - a)^2}{4}}$$

$$= \frac{\beta}{2n} \sqrt{n^2 - (2x - a)^2}.$$

Posons donc cette équation

$$x^2 \frac{\sqrt{a^2 - \frac{s^2}{a^2} x^2}}{a^2 - x^2} = \frac{\beta}{2n} \sqrt{n^2 - (2x - a)^2},$$

12..

qui nous donnera

$$\beta = \frac{2nx^3 \sqrt{a^2 - \frac{s^2}{a^2} x^2}}{(a^2 - x^2) \sqrt{n^2 - (2x - a)^2}}.$$

Comparant maintenant entre elles les deux valeurs de β que nous venons de trouver, nous aurons

$$\frac{2cnx^3}{c(a^2 - x^2)\sqrt{n^2 - a^2}} = \frac{2nx^3 \sqrt{a^2 - \frac{s^2}{n^2}x^2}}{(a^2 - x^2)\sqrt{n^2 - (2x - a)^2}},$$

équation qui nous donnera

$$(a^4 - s^2x^2 - c^2x^2)n^2 = a^6 - a^2c^2x^2$$
$$- a^2s^2x^2 + 4ac^2x^3 - 4c^2x^4 \ ;$$

ou, en substituant dans le premier membre,

$$- a^2x^2, \quad \grave{a} \quad - s^2x^2 - c^2x^2,$$

et dans le second,

$$- a^4x^2, \quad \grave{a} \quad - a^2c^2x^2 - a^2s^2x^2,$$

$$(a^4 - a^2x^2)n^2 = a^6 - a^4x^2 + 4ac^2x^3 - 4c^2x^4 \ ;$$

d'où

$$n^2 = \frac{a^6 - a^4x^2 + 4ac^2x^3 - 4c^2x^4}{a^4 - a^2x^2}$$

$$= \frac{a^4 - a^2x^2 + \frac{4c^2}{a}x^3 - \frac{4c^2}{a^2}x^4}{a^2 - x^2},$$

$$\text{et} \qquad n = \sqrt{\frac{a^4 - a^2 x^2 + \frac{4c^2}{a} x^3 - \frac{4c^2}{a^3} x^4}{a^2 - x^2}}.$$

Le diamètre n étant connu, son conjugué β se trouvera par l'une ou par l'autre de ces deux équations,

$$\beta = \frac{2cnx^3}{a(a^2 - x^2)\sqrt{n^2 - a^2}}$$

$$\text{et} \qquad \beta = \frac{2nx^2 \sqrt{a^3 - \frac{s^2}{a^2} x^2}}{(a^2 - x^2)\sqrt{n^2 - (2x - a)^2}}.$$

186. De ce qui a été démontré dans l'article précédent, il résulte que deux points E, e de la cissoïde oblique répondant sur ses deux branches positive et négative CER, C$e r$, à une abscisse commune CB, peuvent être considérés comme une double intersection de deux ellipses AFA'F'A, AfCf'A, qui ont l'une et l'autre leurs centres c, s, sur une droite Gg, menée parallèlement à l'axe CA, à une distance $Cc = \dfrac{\frac{c}{a} x^3}{a^2 - x^2}$, mesurée parallèlement à l'asymptote.

Ces mêmes centres sont placés sur deux parallèles à l'asymptote, menées, pour la première ellipse, par le point C, pour la seconde, par le milieu de l'axe CA.

Les premiers diamètres conjugués de ces ellipses sont parallèles à l'axe CA ; leurs seconds diamètres conjugués sont parallèles à l'asymptote.

Si l'on nomme m le premier demi-diamètre conjugué de la première ou de la grande ellipse AFA'F'A, et b son second demi-diamètre conjugué ;

Si l'on nomme pareillement n le premier diamètre conjugué de la seconde ou de la petite ellipse Afef'A, et β son second diamètre conjugué, on aura les quatre équations suivantes :

$$m = \sqrt{\dfrac{a^4 - x^2 x'^2 - \dfrac{c^2}{a^2} x^4}{a^2 - x^2}},$$

$$b = \dfrac{m x^2 \sqrt{a^2 - \dfrac{x^2}{a^2} x^2}}{(a^2 - x^2) \sqrt{m^2 - x^2}},$$

$$n = \sqrt{\dfrac{a^4 - a^2 x^2 + \dfrac{4c^2}{a} x^3 - \dfrac{4c^2}{a^2} x^4}{a^2 - x^2}},$$

$$\beta = \dfrac{2n x^2 \sqrt{a^2 - \dfrac{x^2}{a^2} x^2}}{(a^2 - x^2) \sqrt{n^2 - (2x - a)^2}}.$$

187. Voyons maintenant à quoi se réduiront les quatre équations ci-dessus, dans le cas où l'on aura $c = 0$ et par conséquent $s = a$.

1°. L'équation $m = \sqrt{\dfrac{a^4 - s^2 x^2 - \dfrac{c^2}{a^2} x^4}{a^2 - x^2}}$

deviendra $m = \sqrt{\dfrac{a^4 - a^2 x^2}{a^2 - x^2}} = \sqrt{a^2} = a.$

2°. L'équation $b = \dfrac{m x^2 \sqrt{a^2 - \dfrac{s^2}{a^2} x^2}}{(a^2 - x^2)\sqrt{m^2 - x^2}}$

(dans laquelle il faudra substituer non-seulement à c et à s leurs valeurs 0 et a, mais à m
sa valeur trouvée a), deviendra

$$b = \frac{a x^2 \sqrt{a^2 - x^2}}{(a^2 - x^2)\sqrt{a^2 - x^2}} = \frac{a x^2}{a^2 - x^2}.$$

3°. L'équation

$$n = \sqrt{\frac{a^4 - a^2 x^2 + \dfrac{4 c^2}{a} x^3 - \dfrac{4 c^2}{a^2} x^4}{a^2 - x^2}}$$

deviendra

$$n = \sqrt{\frac{a^4 - a^2 x^2}{a^2 - x^2}} = \sqrt{a^2} = a.$$

4°. L'équation

$$\beta = \frac{2 n x^2 \sqrt{a^2 - \dfrac{s^2}{a^2} x^2}}{(a^2 - x^2)\sqrt{n^2 - (a x - a)^2}},$$

dans laquelle il faudra substituer aux trois quantités c, s, n leurs valeurs o, a, a, deviendra

$$\beta = \frac{2ax^4\sqrt{a^2-x^2}}{(a^2-x^2)\sqrt{a^2+4ax-4x^2-a^2}}$$

$$= \frac{2ax^2\sqrt{a^2-x^2}}{(a^2-x^2)\sqrt{4ax-4x^2}}$$

$$= \frac{ax^2\sqrt{a^2-x^2}}{(a^2-x^2)\sqrt{ax-x^2}}$$

$$= \frac{ax^2}{\sqrt{(a^2-x^2)(ax-x^2)}}$$

$$= \frac{ax^2}{\sqrt{(a+x)(a-x)(a-x)x}}$$

$$= \frac{ax^2}{(a-x)\sqrt{ax+x^2}};$$

ou, en élevant au carré,

$$\beta^2 = \frac{a^2x^4}{(a-x)^2(ax+x^2)} = \frac{a^2x^3}{(a-x)^2(a+x)}$$

$$= \frac{a^2x^2}{(a-x)^2} \times \frac{x}{a+x},$$

et $$\beta = \frac{ax}{a-x}\sqrt{\frac{x}{a+x}}.$$

La supposition de $c = o$ convertit donc les quatre équations de l'article précédent en celles-ci :

$$m = a, \; b = \frac{ax^2}{a^2-x^2}, \; n = a,$$

et $$\beta = \frac{ax}{a-x}\sqrt{\frac{x}{a+x}};$$

résultats parfaitement conformes à ceux que nous avons trouvés (art. 23) pour la nouvelle cissoïde droite.

188. Des quatre branches de la cissoïde oblique, nous n'en avons jusqu'ici considéré que deux; savoir, les deux branches CER, C*er*, l'une positive, l'autre négative, qui ont CA positif pour axe commun.

Si dans les deux autres branches qui reconnaissent — CA pour axe commun, on prenait sur cet axe une partie égale à — CB, les deux points des deux branches dont — CB serait l'abscisse commune, appartiendraient en même temps chacun à deux ellipses parfaitement semblables aux ellipses AFA′F′A, A*f*C*f*′A. Seulement leurs centres, au lieu d'être sur la ligne G*g*, seraient sur une ligne G′*g*′, qui, parallèle à l'axe, en serait à la même distance que G*g*, mais se trouverait située de l'autre côté de cet axe.

Pour rendre plus sensibles les relations que ces quatre ellipses ont entre elles, nous les avons toutes représentées sur la figure 16. On y voit que les deux grandes ellipses se coupent aux points A et A′, distans l'un de l'autre d'une quantité AA′ = 2*a*; que les deux petites ellipses se touchent au point C; que chacune d'elles coupe la grande ellipse correspondante en quatre points, qui sont les deux points donnés E, e, ou E′, e′, le point A ou A′, et un quatrième point a ou a′, qui correspond au précédent de l'autre côté des premiers diamètres conjugués des ellipses. Les points A, a, ou A′, a′, sont distans l'un de l'autre d'une quantité égale

à $\dfrac{\frac{2c}{a}x^3}{a^2-x^2}$.

189. Nous ne croyons pas devoir omettre les observations suivantes. Si l'on a $x=a$, la quantité $Cc = \dfrac{\frac{c}{a}x^3}{a^2-x^2}$ devenant infiniment grande, la grande et la petite ellipse, qui doivent toujours passer par le point A, se confondront avec l'asymptote, et ne couperont la cissoïde oblique qu'en un seul point, qui sera le point O de la branche émergente; le point d'intersection correspondant à celui-là dans l'autre branche, serait infiniment éloigné.

Si $x>a$, la quantité $\dfrac{\frac{c}{a}x^3}{a^2-x^2}$ changeant alors de signe, la distance Cc de la ligne des centres Gg à l'axe CA ne se mesurerait plus au-dessous, mais au-dessus de cet axe. Ainsi les centres c, s des deux ellipses AFA'F'A, AfCf'A, passeraient l'un et l'autre de l'autre côté de l'axe CA, et les intersections E, e de ces ellipses, se trouveraient aussi toutes les deux de ce même côté de l'axe.

Si enfin x est parvenu à son *maximum*, si l'on a $x = \dfrac{a^2}{s}$, on aura $\dfrac{\frac{c}{a}x^3}{a^2-x^2} = \dfrac{a^2}{cs} =$ l'ordonnée du point culminant R de la branche CER. La ligne des centres des deux ellipses AFA'F'A, AfCf'A, passera par ce point R. Les deux ellipses et la branche CER de la nouvelle cissoïde se toucheront à ce point culminant R, où viendront se réunir et se confondre les deux intersections E, e. On aura alors

$$m = \frac{a^2}{s} = x; \quad b = \frac{a^3}{c^2 s}; \quad n = a\,\frac{2a-s}{s},$$

et
$$\beta = \frac{a^3}{cs}\sqrt{\frac{2a-s}{q^2-as}}.$$

190. *Problème.* Étant donnés sur les deux branches positive et négative CER, Cer (fig. 18) d'une cissoïde oblique, qui a CA pour axe et Pp pour asymptote, deux points E, e qui répondent à une abscisse commune CB, on demande que l'on mène deux droites qui touchent la courbe à ces deux points.

Nous donnerons pour les deux points E, e une seule et même solution, qui s'appliquera également à l'un et à l'autre.

Solution. Tirez la corde $\frac{CE}{Ce}$, et lui ayant mené du point C la perpendiculaire indéfinie $\frac{CI}{Ci}$, menez encore du point B une parallèle $\frac{BI}{Bi}$ à la corde $\frac{CE}{Ce}$; si du point $\frac{I}{i}$, où se rencontreront les deux droites $\frac{CI}{Ci}$, $\frac{BI}{Bi}$, vous tirez au point $\frac{E}{e}$, la droite $\frac{IE}{ie}$, elle touchera la courbe en ce point.

Démonstration. Soit prolongée la corde $\frac{CE}{Ce}$, jusqu'à ce qu'elle rencontre l'asymptote en $\frac{L}{l}$; si du point $\frac{L}{l}$ on prend sur l'asymptote une partie infiniment petite $\frac{LL'}{ll'}$, et que l'on tire la droite $\frac{CL'}{Cl'}$, qui rencontre la courbe en $\frac{E'}{e'}$; $\frac{E'E}{e'e}$ sera un élément infiniment petit de la courbe, et sa direction déterminera celle de la tangente au point $\frac{E}{e}$.

Soit donc prolongée la droite infiniment petite $\frac{E'E}{e'e}$, jusqu'à ce qu'elle rencontre en $\frac{I}{i}$ la droite $\frac{CI}{Ci}$; nous allons chercher la valeur de $\frac{CI}{Ci}$.

Soit fait $\frac{CH}{Ch} = \frac{CE}{Ce}$, et soit tirée la droite infiniment petite $\frac{EH}{eh}$, que l'on pourra regarder comme étant à la fois perpendiculaire à $\frac{CE}{Ce}$ et à $\frac{CH}{Ch}$. Soit aussi prolongée l'ordonnée $\frac{BE}{Be}$, jusqu'à ce qu'elle rencontre en $\frac{G}{g}$ la droite $\frac{CL'}{Cl'}$; $\frac{E'H}{e'h}$ sera la différentielle de $\frac{CE}{Ce}$, comme $\frac{L'L}{l'l}$ est la différentielle de $\frac{AL}{Al}$; mais $\frac{AL}{Al} = \frac{CE}{Ce}$; donc aussi $\frac{E'H}{e'h} = \frac{L'L}{l'l}$. Nous représenterons pour simplifier $\frac{E'H}{e'h}$ ou $\frac{L'L}{l'l}$ par t, et nous continuerons d'ailleurs de désigner CA par a, CD par s, AD par c, CB par x et $\frac{BE}{Be}$ par y.

Nous avons vu (art. 158), que $\frac{CE}{Ce}$ ou $\frac{AL}{Al} = \frac{ay}{x}$; ainsi nous aurons

$\frac{DL}{Dl}$, ou $\frac{AL}{Al} - AD = \frac{ay}{x} - c = \frac{ay-cx}{x}$.

A cause des parallèles Ll, Ee, on a

CA:CB::CD:CF, ou $a:x::s:CF$;

d'où $\qquad CF = \frac{sx}{a}$.

On a de plus

CA:CB :: $\frac{DL}{Dl}$: $\frac{EF}{eF}$, ou $a:x::\frac{ay-cx}{x}:\frac{EF}{eF}$;

d'où
$$\frac{EF}{ef} = \frac{ay - cx}{a}.$$

On a encore

$$CA:CB :: \frac{L'L}{l'l} : \frac{EG}{eg}, \quad \text{ou} \quad a : x :: t : \frac{EG}{eg};$$

d'où
$$\frac{EG}{eg} = \frac{tx}{a}.$$

Les triangles semblables $\frac{EHG}{ehg}, \frac{CFE}{CFe}$, donnent

$$\frac{CE}{Ce} . \frac{EF}{eF} :: \frac{EG}{eg} . \frac{GH}{gh},$$

ou
$$\frac{ay}{x} : \frac{ay - cx}{a} :: \frac{tx}{a} : \frac{GH}{gh};$$

d'où
$$\frac{GH}{gh} = t\frac{ayx^2 - cx^3}{a^3y}.$$

Donc
$$\frac{E'G}{e'g}, \quad \text{ou} \quad \frac{E'H}{e'h} - \frac{GH}{gh} = t - t\frac{ayx^2 - cx^3}{a^3y}$$
$$= t\frac{ay^3 - ayx^2 + cx^3}{a^3y}.$$

Les mêmes triangles semblables donnent

$$\frac{CE}{Ce} : CF :: \frac{EG}{eg} : \frac{EH}{eh} \quad \text{ou} \quad \frac{ay}{x} : \frac{sx}{a} :: \frac{tx}{a} : \frac{EH}{eh};$$

d'où
$$\frac{EH}{eh} = \frac{tsx^3}{a^3y}.$$

Maintenant à cause des triangles semblables

$\frac{E'HE}{e'he}$, $\frac{ECI}{eCi}$, nous avons

$$\frac{E'H}{e'h} : \frac{EH}{eh} :: \frac{CE}{Ce} : \frac{CI}{Ci}, \text{ ou } t : \frac{tsx^3}{a^3y} :: \frac{ay}{x} : \frac{CI}{Ci},$$

d'où
$$\frac{CI}{Ci} = \frac{sx^2}{a^2}.$$

Mais nous avons vu (art 172), que $\frac{sx^2}{a^2}$, est la plus courte distance du point B à la corde $\frac{CE}{Ce}$; donc, pour déterminer le point I, il faut faire $\frac{CI}{Ci}$ égal à la plus courte distance du point B à la corde $\frac{CE}{Ce}$, ou, ce qui revient au même, il faut du point B mener une parallèle $\frac{BI}{Bi}$ à cette corde.

191. On voit que la méthode à suivre pour mener une tangente à la cissoïde oblique, ne diffère en rien de celle qui a été donnée (art. 27) pour la nouvelle cissoïde droite. On voit aussi que $\frac{CI}{Ci}$ est une troisième proportionnelle à $\frac{a^2}{s}$ et à x, ou à CA' et à CB.

Si l'on a $c = 0$, et par conséquent $s = a$, l'équation $\frac{CI}{Ci} = \frac{sx^2}{a^2}$ deviendra $\frac{CI}{Ci} = \frac{x^2}{a}$; comme nous l'avons trouvée (art. 27), pour la cissoïde droite.

192. L'expression $\frac{sx^2}{a^2}$, ne renfermant avec les deux constantes a, s, que la seule variable x, qui est la même pour les deux branches, il suit que les droites CI, Ci, répondant à deux points E, e de la courbe, qui eux-mêmes reconnaissent une abscisse commune, sont toujours égales entre elles. Comme d'ailleurs elles sont perpendiculaires aux cordes CE, Ce, qui, comme nous l'avons vu (art. 170), font avec l'axe CA des angles égaux, il suit qu'elles forment aussi avec l'axe des angles égaux, et que leurs points I, i, sont placés symétriquement de chaque côté de cet axe.

La droite CI relative à la branche positive CER est négative. La droite Ci, qui se rapporte à la branche négative, est positive.

193. Tous les points Ii (fig. 19) forment une courbe CDiA'IC, que la droite CA' divise en deux parties égales et symétriques. Cette courbe est une *oviforme* absolument semblable à celle dont, à l'occasion de la nouvelle cissoïde droite, il a été question (art. 28 et suivans). La seule différence qu'on puisse remarquer entre ces deux courbes, c'est qu'elles ont pour axes, celle de la cissoïde droite CA $= a$, celle de la cissoïde oblique CA' $= \frac{a^2}{s}$. Pour cette dernière comme pour la première, chaque corde de l'ovi-

forme est une troisième proportionnelle à son axe et à l'abscisse correspondante de la cissoïde, à l'abscisse du point à la corde duquel elle est perpendiculaire, du point dont elle détermine la tangente.

Les mêmes procédés que nous avons indiqués (art. 32), pour décrire l'oviforme de la cissoïde droite, sont applicables à celle de la cissoïde oblique. Il suffit de se rappeler que l'axe de cette dernière n'est plus CA, mais CA'.

Nous continuerons de représenter par x', y', les abscisses et les ordonnées de l'oviforme actuelle CDiA'IC. Ses cordes conserveront aussi la désignation particulière que nous leur avons donnée (art. 46). Nous les nommerons u.

194. L'oviforme de la cissoïde droite a pour équation (art. 34)

$$(x'^2+y'^2)^3 = a^2x'^4,$$

ou $\quad x'^6 + 3y'^2x'^4 + 3y'^4x'^2 + y'^6 = 0$
$\quad - a^2x'^4$

Cette équation deviendra celle de l'oviforme actuelle, si l'on y substitue $\frac{a^2}{s}$ à a, ou $\frac{a^4}{s^2}$ à a^2. On aura donc

$$(x'^2+y'^2)^3 = \frac{a^4}{s^2}x'^4,$$

13

ou $\quad x'^6 + 3y'^2x'^4 + 3y'^4x'^2 + y'^6 = 0.$
$\quad\quad -\dfrac{a^3}{s^2}x'^4$

Il peut sembler plus simple de faire CA', ou $\dfrac{a^2}{s} = \alpha$. Alors il ne s'agira plus que de substituer partout α à la place de a, et l'on aura

$$(x'^2 + y'^2)^3 = \alpha^2 x'^4,$$

ou $\quad x'^6 + 3y'^2x'^4 + 3y'^4x'^2 + x'^6 = 0.$
$\quad\quad - \alpha^2 x'^4$

On peut faire la même substitution dans toutes les équations relatives à l'oviforme, que nous avons trouvées dans le chapitre II. Ainsi l'on aura

$$x' = \frac{x^3}{a^2} = u\sqrt{\frac{u}{a}},$$

$$x = \sqrt[3]{a^2x'} = \sqrt{au},$$

$$u = \mp \frac{x^2}{a} = \mp \sqrt[3]{ax'^2},$$

$$y' = \mp \sqrt{x'\left(\sqrt[3]{a^2x'} - x'\right)},$$

$$y'\ maximum = \mp \sqrt{\frac{4}{27}}\,\alpha.$$

La valeur correspondante de x' est $\sqrt{\dfrac{8}{27}}\,\alpha$; celle de $u \mp \frac{2}{3}\alpha.$

La sous- tang. de l'oviforme est $3x' \dfrac{1 - \left(\frac{x'}{a}\right)^{\frac{2}{3}}}{3\left(\frac{x'}{a}\right)^{\frac{2}{3}} - 2}$.

La partie de l'axe comprise entre la tangente est le point C $\dfrac{x'}{3\left(\frac{x'}{a}\right)^{\frac{2}{3}} - 2}$, etc.

195. Toutes les oviformes sont semblables entre elles, puisque leur construction dépend uniquement de la longueur de leur axe.

Nous avons observé (art. 36), en parlant de la nouvelle cissoïde droite, que si, dans son oviforme, on suppose $x' = a$, on aura $y' = 0$ et réciproquement; que si l'on faisait $x' > a$, on trouverait pour y' des valeurs imaginaires.

Il en sera de même pour l'oviforme actuelle, si l'on fait $x' = a$, ou $x' > a$; mais si l'on se contentait de faire $x' = a$, on trouverait pour y' une valeur réelle. Ce serait $\mp a \sqrt{\left(\frac{a}{s}\right)^{\frac{2}{3}} - 1}$, et l'on continuerait de trouver pour y' des valeurs réelles, tant que x' n'excéderait pas $\dfrac{a^2}{s}$.

196. Nous aurons bientôt occasion de faire usage de l'oviforme, et nous nous contenterons pour le moment de rappeler celles de ses propriétés qui établissent ses rapports les plus directs avec la cissoïde oblique.

Si du point C comme centre, avec un rayon quelconque CI, moindre cependant que CA′, on décrit un arc de cercle Ii, qui coupe l'oviforme en deux points I, i, et que l'on tire les cordes CI, Ci; si du même point C, on élève sur ces deux cordes deux perpendiculaires CE, Ce, qui rencontrent en deux points E, e, ou les deux branches CER, Cer de la cissoïde oblique, ou l'une de ces branches seulement, et qu'on tire respectivement les droites EI, ei,

1°. ces droites seront tangentes aux points E, e.

2°. Si l'angle ACI, moitié de l'angle ICi, est plus grand que l'angle ACD, les deux perpendiculaires CE, Ce, rencontreront la cissoïde oblique, l'une sur sa branche positive, l'autre sur sa branche négative. Si, au contraire, l'angle ACI est moindre que l'angle ACD, les droites CE, Ce, rencontreront toutes les deux la cissoïde oblique sur sa branche émergente ou positive.

3°. Dans tous les cas, les deux points E, e, répondront à une abscisse commune CB. Dans tous les cas aussi, l'angle ECe formé par les deux cordes CE, Ce, sera divisé en deux parties égales, ou par l'axe CA, ou par la droite CP qui lui est perpendiculaire.

4°. L'abscisse commune CB, à laquelle répondront les deux points E, e, sera moyenne proportionnelle entre CA′ et CI, ou entre a et u.

197. Si l'on prolonge la tangente $\frac{EI}{ei}$ (fig. 18) jusqu'à ce qu'elle rencontre en $\frac{N}{n}$ la ligne NCn parallèle à l'asymptote, les triangles semblables $\frac{E'GE}{e'ge}$, $\frac{ECN}{eCn}$ donneront

$$\frac{E'G}{e'g} : \frac{EG}{eg} :: \frac{CE}{Ce} : \frac{CN}{Cn},$$

ou (art. 190)

$$t\,\frac{a^3y - ayx^2 + cx^3}{a^2y} : \frac{tx}{a} :: \frac{ay}{x} : \frac{CN}{Cn},$$

d'où

$$\frac{CN}{Cn} = \frac{a^3y^2}{a^3y - ayx^2 + cx^3}.$$

Nous observerons ici, comme nous l'avons fait (art. 49), que CN doit être pris négativement et Cn positivement. Il convient donc d'écrire

$$\frac{CN}{Cn} = \mp\,\frac{a^3y^2}{a^3y - ayx^2 + cx^3}.$$

Ceci fournit une seconde manière de mener une tangente à un point donné $\frac{E}{e}$ de la cissoïde oblique. On portera de C en $\frac{N}{n}$ une quantité $\frac{CN}{Cn} = \frac{a^3y^2}{a^3y - ayx^2 + cx^3}$, et la droite $\frac{NE}{ne}$ menée par les points $\frac{N}{n}$, $\frac{E}{e}$, touchera la courbe en ce dernier point.

Si l'on fait $c = 0$, l'équation

$$\frac{CN}{Cn} = \mp \frac{a^3 y^2}{a^2 y - a y x^2 + c x^3}$$

deviendra

$$\frac{CN}{Cn} = \mp \frac{a^2 y}{a^2 - x^2};$$

comme nous l'avons trouvée (art. 48) pour la cissoïde droite.

198. Si l'on veut connaître la portion $\frac{CV}{Cu}$ de l'axe CA, qui est interceptée entre la tangente $\frac{EN}{en}$ et le point C, on la trouvera par la proportion suivante que donnent les triangles semblables

$$\frac{VCN}{uCn}, \frac{EMN}{emn}, \frac{NM}{nm} . \frac{ME}{me} :: \frac{CN}{Cn} . \frac{CV}{Cu},$$

ou $\qquad \frac{CN}{Cn} + \frac{BE}{Be} : CB :: \frac{CN}{Cn} . \frac{CV}{Cu},$

ou

$$\frac{a^3 y^2}{a^2 y - a y x^2 + c x^3} + y : x :: \frac{a^3 y^2}{a^2 y - a y x^2 + c x^3} : \frac{CV}{Cu};$$

d'où $\qquad \dfrac{CV}{Cu} = \dfrac{a^3 y x}{2 a^2 y - a y x^2 + c x^3}.$

Si l'on fait $c = 0$, l'équation deviendra

$$\frac{CV}{Cu} = \frac{a^2 x}{2 a^2 - x^2},$$

(199)

comme nous l'avons trouvée (art. 5o) pour la cissoïde droite.

199. Pour avoir la valeur de la sous-tangente $\frac{BV}{Bu}$, il faut considérer que

$$\frac{BV}{Bu} = CB - \frac{CV}{Cu} = x - \frac{a^2yx}{2a^3y - ayx^2 + cx^3}$$

$$= \frac{a^3yx - ayx^3 + cx^4}{2a^3y - ayx^2 + cx^3}.$$

Si $c = 0$, l'équation deviendra

$$\frac{BV}{Bu} = x \frac{a^2 - x^2}{2a^2 - x^2},$$

ainsi que nous l'avons trouvée (art. 51) pour la cissoïde droite.

200. Il pourra aussi nous être utile de déterminer à quel point K la tangente EN rencontre la droite CD, ou autrement, quelle est la valeur de CK. Pour y parvenir, menons du point V la droite VQ parallèle à CD. Nous aurons, à cause des triangles semblables CDA, VQC,

$$CA:CD::CV:VQ, \text{ ou } a:s:: \frac{a^2yx}{2a^3y - ayx^2 + cx^3}:VQ;$$

d'où $$VQ = \frac{a^2syx}{2a^3y - ayx^2 + cx^3}.$$

Nous aurons aussi

$$CA:AD::CV:CQ, \text{ ou } a:c:: \frac{a^2yx^2}{2a^3y - ayx^2 + cx^3}:CQ;$$

d'où $\qquad CQ = \dfrac{a^2 cyx}{2a^3 y - ayx^2 + cx^3}$

Donc QN, ou $CN - CQ = \dfrac{a^3 y^2}{a^3 y - ayx^2 + cx^3}$

$$- \dfrac{a^2 cyx}{2a^3 y - ayx^2 + cx^3}$$

Faisant ensuite la proportion QN:CN::VQ:CK, substituant et réduisant, on trouvera

$$CK = \dfrac{a^3 sy^2 x}{2a^5 y^2 - a^3 cyx - a^2 y^2 x^2 + 2acyx^3 - c^2 x^4}$$

201. Si l'on fait $x = CA' = \dfrac{a^2}{s}$, nous avons vu (art. 162 et 165) que les deux valeurs de y seront égales entre elles, et à $\dfrac{a^3}{cs}$. Les valeurs de CV et de Cu seront égales aussi par conséquent ; et si dans l'équation

$$\dfrac{CV}{Cu} = \dfrac{a^3 yx}{2a^3 y - ayx^2 + cx^3}$$

on substitue à x et à y leurs valeurs $\dfrac{a^2}{s}$ et $\dfrac{a^3}{cs}$, on trouvera $\dfrac{CV}{Cu} = \dfrac{a^2}{s} = x.$

Il est prouvé par là que l'ordonnée et la tangente qui répondent au point A', ne sont qu'une seule et même ligne ; que, par conséquent, $\dfrac{a^2}{s}$ est bien le *maximum* de x, et le point R, le point culminant de la branche CER de la cissoïde oblique.

202. Le point O, où l'asymptote est coupée par la branche positive, étant dans cette branche un point remarquable, nous allons nous occuper de déterminer sa tangente. Ici $x = CA = a$, et cette valeur de x, substituée dans l'équation CI ou $u = \frac{sx^3}{a^2}$, donnera $u = s = CD$. Donc, si du point C on mène sur CO la perpendiculaire CI', qu'on la fasse égale à CD, et qu'on tire la droite OI', elle sera tangente au point O.

On sait que dans le même cas, on a $y = \frac{a^2}{2c}$, et l'on trouvera

$$CN = -\frac{a^4}{4c^3}, \quad CV = \frac{a^3}{a^2 + 2c^2}, \quad BV = \frac{2a^2c}{a^2 + 2c^2},$$

Dans la branche négative, $CI' = u$ se confondra avec $CD = s$. La corde correspondante à CO sera la droite CN prolongée à l'infini. Les angles OCN et DCI' seront divisés en deux parties égales par l'axe CA.

203. Supposons maintenant qu'il faille mener une tangente au point M (fig. 19) où la branche positive coupe la droite CD, et qui a CF pour abscisse. On aura dans ce cas $CM = AD = c$. D'ailleurs, la perpendiculaire CT, menée du point T sur la corde CM, se confondra avec la

droite CN, et la parallèle FT à cette corde,
menée du point F, sera perpendiculaire à CN.
Le quadrilatère CMFT sera donc un rectangle
dont la diagonale MT sera tangente au point M.

C'est ce que prouverait aussi l'équation

$$CN = \frac{a^2y^2}{a^2y - ayx^2 + cx^2};$$

en effet, la proportion

CD : CM :: CA : CF ou $s : c :: a : x$

donne ici $\qquad x = \frac{ac}{s}$,

et la proportion

CD : CM :: AD : FM ou $s : c :: c : y$

donne $\qquad y = \frac{c^2}{s}$.

Substituant dans l'équation ci-dessus à x et à y
leurs valeurs $\frac{ac}{s}$ et $\frac{c^2}{s}$, on trouvera

$$CN = \frac{c^2}{s} = y,$$

c'est-à-dire dans ce cas-ci CT = FM.

204. Le quadrilatère CMFT étant un rectangle, ses diagonales CF, MT se coupent exactement à son centre S, et elles sont tangentes,
la première au point C, la seconde au point
M, d'où il suit que la courbe CF/OM recoupe
au point M la droite CD, sous le même angle

qu'elle formait avec elle au point C. On serait
d'après cela tenté de croire que cette portion
de courbe est symétrique entre les deux droites
CT, MF. Ce serait cependant une erreur :
nous aurons bientôt les moyens de reconnaître
que dans aucun cas le point culminant de la
portion de courbe CE'OM ne répond exactement au milieu de CM.

205. Nous allons maintenant chercher quel
est le point E' (fig. 19) de la portion CE'M
de la branche positive CER, dont la tangente
ET' est parallèle à CD ou perpendiculaire à
l'asymptote.

Il est évident que la tangente cherchée ne
rencontrera le prolongement de CD qu'à
une distance infinie du point C. Nous avons
(art. 200) donné l'expression générale de cette
distance qui est

$$CK = \frac{a^3cy^2x}{2a^4y^2 - a^3cyx - a^2y^2x^2 + 2acyx^3 - c^2x^4} ;$$

et puisque cette valeur devient infinie, il suit
que son dénominateur peut être égalé à 0;
nous avons donc

$$2a^4y^2 - a^3cyx - a^2y^2x^2 + 2acyx^3 - c^2x^4 = 0;$$

ou, en changeant les signes et ordonnant en x,

$$x^4 - \frac{2ay}{c}x^3 + \frac{a^2y^2}{c^2}x^2 + \frac{a^3y}{c}x - \frac{2a^4y^2}{c^2} = 0;$$

la valeur de x propre à résoudre le problème serait donnée par cette équation. Elle n'est que du quatrième degré; mais elle atteindrait à un degré plus élevé, si l'on voulait en éliminer y.

Nous obtiendrons une solution plus simple, en prenant pour inconnue, non CB' ou x, mais CE' ou z.

Soit prolongée la corde CE', jusqu'à ce qu'elle rencontre l'asymptote en L'; on aura

$$AL' = CE' = z, \text{ et } DL' = AD - AL' = c - z;$$

donc $\overline{DL'}^2 = c^2 - 2cz + z^2$ et $\overline{DL'}^2 + \overline{CD}^2$,

ou $$\overline{CL'}^2 = c^2 - 2cz + z^2 + s^2;$$

ou, à cause que

$$c^2 + s^2 = a^2, \quad \overline{CL'}^2 = a^2 - 2cz + z^2,$$

et $$CL' = \sqrt{a^2 - 2cz + z^2}.$$

Les triangles semblables CDL', E'CI' donnent

$$CD : DL' :: CE' : CI', \text{ ou } s : c - z :: z : CI';$$

d'où $$CI' = \frac{cz - z^2}{s};$$

mais (art. 190) $CI' = \frac{s x^2}{a^2}$:

comparant ensemble ces deux valeurs de CI',

on aura $$\frac{cz - z^2}{s} = \frac{s x^2}{a^2};$$

d'où
$$x^2 = \frac{a^2cz - a^2z^2}{s^2}.$$

Les triangles semblables CL'A, CE'B' donnent

$$CL' : CE' :: CA : CB',$$

ou
$$\sqrt{a^2 - 2cz + z^2} : z :: a : x;$$

d'où
$$x = \frac{az}{\sqrt{a^2 - 2cz + z^2}},$$

et
$$x^2 = \frac{a^2z^2}{a^2 - 2cz + z^2}:$$

comparant entre elles ces deux valeurs de x^2, on aura

$$\frac{a^2cz - a^2z^2}{s^2} = \frac{a^2z^2}{a^2 - 2cz + z^2},$$

ou en divisant par a^2z,

$$\frac{c - z}{s^2} = \frac{z}{a^2 - 2cz + z^2},$$

ou $a^2c - 2c^2z + cz^2 - a^2z + 2cz^2 - z^3 = s^2z,$

ou $a^2c - 2c^2z + 3cz^2 - a^2z - z^3 = s^2z;$

ou, en ordonnant en z,

$$z^3 - 3cz^2 + a^2z - a^2c = 0;$$
$$+ 2c^2z$$
$$+ s^2z$$

ou, à cause que

$$2c^2 + s^2 = c^2 + s^2 + c^2 = a^2 + c^2,$$
$$z^3 - 3cz^2 + 2a^2z - a^2c = 0.$$
$$+ c^2z$$

Cette équation, qui n'est que du troisième degré, fera connaître la valeur de z qui doit résoudre le problème. Cette valeur sera portée de A en L'; on tirera la droite CL', et ayant fait CE' = AL', le point E' sera celui de la branche CER, dont la tangente sera parallèle à CD. Ce sera par conséquent celui qui s'écarte le plus de cette droite.

206. Si pour faire évanouir le second terme de l'équation ci-dessus, on fait $z = t + c$, on obtiendra cette nouvelle équation

$$t^3 + 2s^2 t + cs^2 = 0,$$

dans laquelle il est évident que t doit avoir une valeur négative. Il est facile de voir aussi que la nouvelle inconnue t, ou $z - c$, n'est autre chose que $- DL'$. Cette valeur étant connue, on la portera en déduction de D en L', et le point L' connu déterminera le point E'.

207. Nous nous permettrons de faire l'application de l'équation

$$t^3 + 2s^2 t + cs^2 = 0$$

à un exemple. Soit

CA ou $a = 5$, CD ou $s = 4$, AD ou $c = 3$; on aura

$$2s^2 = 32 \text{ et } cs^2 = 48;$$

ainsi l'équation deviendra

$$t^3 + 32t + 48 = 0,$$

et sa résolution donnera

$$t = \sqrt[3]{-24 + \sqrt{576 + \frac{32768}{27}}}$$

$$+ \sqrt[3]{-24 - \sqrt{576 + \frac{32768}{27}}} = -1,41203.$$

On aura donc

$$-DL' = -1,41203, \text{ ou } DL' = 1,41203;$$

on aura ensuite AL' ou

$$CE' = AD - DL' = 3 - 1,41203 = 1,58797;$$

et

$$CL' = \sqrt{\overline{CD}^2 + \overline{DL'}^2} = \sqrt{16 + (1,41203)^2}$$
$$= 4,241913.$$

On trouvera CB' ou x, par cette proportion

$$CL' : CE' :: CA : CB',$$

ou $\qquad 4,241913 : 1,58797 :: 5 : x;$

d'où $\qquad x = 1,871761.$

On aura CH par cette autre proportion,

CA : CB' :: CD : CH, ou $5 : 1,871761 :: 4 : CH;$

d'où $\qquad$ CH $= 1,497409.$

On trouvera, avec la même facilité, B'E' ou

$y = 0,594460$; CI' $= 0,56056$, CN' $= 0,52859$,

et $\qquad$ CV' $= 0,88099$ etc.

On voit que le point E' ne répond pas exactement au milieu de CM. En effet,

$$CM = AD = 3,$$

et par conséquent

$$\frac{CM}{2} = 1,5.$$

Or nous avons trouvé que la valeur de CH n'est que $1,497409$. Tout autre exemple donnerait un résultat semblable.

208. $\dfrac{a^2yx}{2a^2y - ayx^2 + cx^3}$ est, comme nous l'avons vu (art. 198), l'expression générale de la partie de l'axe comprise entre la tangente de la cissoïde oblique et le point C. Elle s'applique en même temps aux deux points de la courbe, qui répondent à l'abscisse commune représentée par x; et comme la valeur de y n'est pas la même pour ces deux points, il s'ensuit que la partie de l'axe dont nous parlons a aussi pour chaque abscisse deux valeurs différentes.

Nous avons désigné une de ces valeurs par

CV, l'autre par Cu, et lorsque les deux points de la courbe appartiennent à deux branches différentes, ce qui arrivera tant que x sera moindre que a, cette distinction sera facile à saisir : CV se rapportera à la branche émergente ou positive, Cu à la branche rentrante ou négative.

Mais, lorsque les deux points répondant à une abscisse commune appartiennent tous les deux à la branche émergente, c'est-à-dire toutes les fois que x est plus grand que a, il y a toujours pour une même valeur de x deux tangentes différentes et par conséquent aussi deux différentes valeurs de la partie de l'axe comprise entre la tangente et le point C.

Nous désignons par CV celle de ces deux dernières valeurs qui se rapporte à la partie OER de la branche émergente ou positive, et par Cu celle qui se rapporte à la partie infinie ReR'. Cette distinction paraît d'autant plus naturelle que, comme nous l'avons remarqué (art. 167), la partie COER est la seule qui appartienne, pour ainsi dire, en propre à la branche positive. Tout ce qui est au-delà du point R est une sorte d'emprunt que cette branche a fait à la branche négative. Nous ne répéterons point ce que nous avons dit à ce sujet (art. 166, 176, etc.).

La partie ReR' conserve quelques-unes des

propriétés qui distinguent la branche rentrante ou négative C*er*, et notamment celle-ci, que toutes ses tangentes, ainsi que toutes celles de la branche négative elle-même, vont rencontrer la droite N*n* au-dessus de l'axe CA, tandis que toutes les tangentes de la partie COER vont rencontrer cette ligne au-dessous de CA.

La seule tangente A'R étant parallèle à l'asymptote, ne rencontre ni de l'un ni de l'autre côté la droite N*n*, ou, si l'on veut, elle la rencontrerait des deux côtés, mais à des distances infinies.

Il a été bien démontré ci-dessus que le *maximum* de *x* est CA' ou $\frac{a^s}{s}$. Il est évident que cette même quantité est aussi le *maximum* de CV. Il n'est en effet dans toute la partie de courbe COER aucun point dont la tangente coupe l'axe au-dessous du point A'; mais il n'en est pas ainsi de C*u*.

Il faut se rappeler ici ce que nous avons dit (art. 164), que la courbe, au-delà du point R, se rapproche continuellement de l'asymptote AP, sans cependant pouvoir jamais la rencontrer, si ce n'est à une distance infinie; qu'en partant du point R, elle présente encore quelque temps à l'asymptote une concavité; mais que devant, pour ne point rencontrer cette asymptote, finir par lui présenter une longue et insensible convexité, il est indispensable qu'à un point que nous avons promis de déterminer elle change de courbure.

Il suit de là qu'à partir du point R les tangentes doivent commencer à s'incliner, et, pendant quelque temps, s'incliner même de plus en plus vers l'asymptote; et deux choses en résultent nécessairement : la première, c'est que le point u doit, pendant quelque temps aussi, s'écarter de plus en plus du point A'; la seconde, c'est que pendant le même temps, toutes les tangentes étant inclinées vers l'asymptote, et devant par conséquent aller plus tôt ou plus tard la rencontrer, doivent, à plus forte raison, couper la courbe elle-même, qui s'étend entre elles et l'asymptote; chacune de ces tangentes étant prolongée devient sécante. La distance entre le point de contact et le point de section est d'autant plus grande, que le premier de ces points est plus rapproché du point R. Au point R lui-même elle est infinie : elle diminue à mesure que la tangente s'incline davantage vers l'asymptote. Il arrive enfin que cette distance devient nulle; que le point de contact et celui de section se confondent; que la même ligne est simultanément tangente et sécante; qu'elle traverse la courbe au même point où elle la touche : ce qui donne bien à ce point le caractère de point d'inflexion.

Il est évident que ce sera la tangente au point

14..

d'inflexion dont nous parlons qui déterminera
sur l'axe le *maximum* de C*u*. Cette tangente,
comme toutes les tangentes possibles de la
cissoïde oblique, doit rencontrer l'oviforme
CD*i*A'IC : mais il y a plus : elle doit aussi être
tangente à cette dernière courbe ; car, si elle la
coupait, il resterait extérieurement à elle une
portion de cette courbe, dont tous les points
pourraient donner naissance à autant de tangentes qui s'écarteraient du point A' plus que
celle en question, et lui raviraient par conséquent la propriété de déterminer sur l'axe le
maximum de C*u*.

La ligne que nous cherchons doit donc être
à la fois tangente à la cissoïde oblique et à l'oviforme. Celle-là seule déterminera sur l'axe le
maximum de C*u*. On peut même ajouter que
pour toute la partie R*e*R' de la courbe, elle déterminera sur la ligne N*n*, parallèle à l'asymptote, le *minimum* de C*n*, puisque de toutes les
tangentes de cette partie, ce sera la plus inclinée
vers l'asymptote.

Ces explications nous ont semblé nécessaires
pour bien éclaircir la question qui nous reste à
résoudre, et que nous poserons de la manière
suivante :

Déterminer quel est le *maximum* de la quantité C*u* (fig. 19), ou à quel point *u* le prolongement de l'axe sera rencontré par une tangente *ei*
commune à la cissoïde oblique et à l'oviforme.

Pour résoudre cette question, nous avons cru pouvoir opter entre les deux moyens suivans :

1°. Chercher par les méthodes analytiques quel est le *maximum* de la quantité $\dfrac{a^3yx}{2a^3y - ayx^2 + cx^3}$, qui est l'expression générale de Cu, en adoptant pour y celle de ses deux valeurs qui a toujours été désignée par le nom de valeur négative. On obtiendra par là une équation en x, dont la résolution fera connaître quelle valeur doit avoir x ou CB, pour que la tangente au point correspondant e de la partie de courbe ReR', rencontre l'axe en un point u, tel que la distance de ce point au point C soit la plus grande possible.

2°. Comparer entre elles les deux valeurs de Cu, c'est-à-dire de la partie de l'axe comprise entre la tangente eiu et le point C, en considérant cette droite, d'abord comme tangente de la cissoïde oblique, ensuite comme tangente de l'oviforme. De cette comparaison doit résulter aussi une équation en x, dont la résolution fera connaître quelle valeur doit avoir x ou CB, pour que la tangente ei au point e de la cissoïde oblique soit en même temps tangente au point i de l'oviforme. Nous allons successivement faire usage de ces deux moyens.

209. *Premier moyen.* Dans l'équation

$$Cu = \frac{a^3yx}{2a^3y - ayx^2 + cx^3},$$

qu'il a semblé plus commode d'employer ici sous cette forme :

$$Cu = \frac{a^3 x}{2a^3 - ax^2 + \frac{cx^3}{y}},$$

et dans laquelle nous avons, pour simplifier, fait $Cu = z$, il a fallu d'abord éliminer y, en lui substituant sa valeur négative

$$\frac{-x^2 \sqrt{a^2 - \frac{s^2}{a^2} x^2} - \frac{c}{a} x^3}{a^2 - x^2},$$

Les deux termes du numérateur sont affectés du signe —; mais le dénominateur étant négatif lui-même, puisque $x > a$, ces deux termes deviennent positifs. L'élimination de y étant faite, on a différencié l'équation pour avoir la valeur de dz. Il a été facile ensuite de trouver celle de $\frac{dz}{dx}$; et cette dernière valeur étant égalée à o, a donné une équation qui, rendue plus simple par la supposition provisoire de

$$\sqrt{a^2 - \frac{s^2}{a^2} x^2} = p, \text{ ou de } a^2 - \frac{s^2}{a^2} x^2 = p^2,$$

s'est réduite à

$$2a^4 p^3 + a^2 c^2 x^4 + a^2 p^2 x^4 = \frac{cs^2 x^5}{ap} - \frac{acs^4 x^3}{p} - 4a^3 cpx.$$

Elevant au carré, rendant à p^2 sa valeur,

$$a^2 - \frac{s^2}{a^2} x^2, \text{ ou } \frac{a^4 - s^2 x^2}{a^2},$$

réduisant et ordonnant en x, on a trouvé définitivement l'équation suivante :

$$c^2s^4x^{10}+4a^2c^2s^4x^8+5a^4c^2s^4x^6-16a^8c^2s^2x^4+12a^{12}c^2x^4-4a^{16}=0$$
$$+s^6\quad+4a^2s^6\quad-4a^6c^2s^2\quad-a^8c^4\quad-4a^{14}$$
$$\quad-3a^4s^4\quad+a^4c^4s^2\quad-a^{12}\quad+12a^{12}s^2$$
$$\quad+a^8s^2\quad-2a^{10}c^2$$
$$\quad-12a^6s^4\quad+12a^{10}s^2$$
$$\quad+4a^4s^6\quad-12a^8s^4.$$

Divisant par le coefficient du premier terme,
qui est $c^2s^4+s^6=(c^2+s^2)s^4=a^2s^4$, et effectuant
ensuite sur le coefficient de chaque terme toutes
les réductions qui peuvent résulter de ce que
$a^2=c^2+s^2$, on obtiendra cette équation,
d'une forme plus simple :

$$x^{10}+a^2x^8-5a^4x^6-\left(\frac{4a^{10}}{s^2}-3a^6\right)x^4$$
$$+\frac{8a^{12}}{s^2}x^2-\frac{4a^{14}}{s^4}=0.$$

Elle est du dixième degré ; mais comme elle
n'a point d'exposans impairs, on peut la considérer comme étant seulement du cinquième.

210. *Second moyen*. Il s'agit maintenant de
comparer entre elles les deux valeurs de Cu ou
de z rapportées, la première à la portion ReR'
de la branche émergente de la cissoïde oblique,
la seconde à l'oviforme $CDiA'IC$.

La première de ces valeurs est

$$z=\frac{a^2x}{2a^2-ax+\dfrac{cx}{y}}.$$

et la seconde est (art. 194),

$$z = \frac{x'}{3\left(\dfrac{x'}{a}\right)^{\frac{2}{3}} - 2} ;$$

mais, avant de les mettre en rapport entre elles, il est nécessaire de leur faire subir à l'une et à l'autre quelques modifications préalables.

1°. Dans l'équation

$$z = \frac{a^3 x}{2a^2 - ax^2 + \dfrac{cx^3}{y}} ,$$

il faut éliminer y en lui substituant sa valeur

$$\frac{-x^2 \sqrt{a^2 - \dfrac{s^2}{a^2} x^2} - \dfrac{c}{a} x^3}{a^2 - x^2} ,$$

que l'on rendra plus simple en faisant pour quelque temps $\sqrt{a^2 - \dfrac{s^2}{a^2} x^2} = p$.

Elle deviendra

$$y = \frac{-px^2 - \dfrac{c}{a} x^3}{a^2 - x^2} = \frac{-apx^2 - cx^3}{a^3 - ax^2} ;$$

donc

$$\frac{cx^3}{y} = cx^3 \frac{a^3 - ax^2}{-apx^2 - cx^3} = cx \frac{a^3 - ax^2}{-ap - cx}$$

$$= \frac{a^3 cx - acx^3}{-ap - cx} ;$$

ou, en changeant à la fois les signes du numérateur et du dénominateur,

$$\frac{cx^3}{y} = \frac{acx^3 - a^3cx}{ap + cx}.$$

Substituant cette valeur de $\frac{cx^3}{y}$ dans l'équation

$$z = \frac{a^3x}{2a^3 - ax^2 + \frac{cx^3}{y}},$$

on aura

$$z = \frac{a^3x}{2a^3 - ax^2 + \frac{acx^3 - a^3cx}{ap + cx}}$$

$$= \frac{a^4px + a^3cx^2}{2a^4p + 2a^3cx - a^2px^2 - acx^3 + acx^3 - a^3cx}$$

$$= \frac{a^2px + acx^2}{2a^2p + acx - px^2}.$$

2°. La seconde valeur de z est $\dfrac{x'}{3\left(\dfrac{x'}{\alpha}\right)^{\frac{5}{3}} - 2}$;

mais on ne peut la comparer à la précédente, si elles ne sont pas exprimées l'une et l'autre en quantités semblables. C'est ce que nous obtiendrons, en substituant dans cette seconde équation à α et à x' leurs valeurs $\dfrac{a^2}{s}$ et $\dfrac{s^2x^3}{a^4}$, et nous

aurons $\quad z = \dfrac{s^2x^3}{3s^2x^3 - 2a^4}.$

Posons donc enfin l'équation

$$\frac{a^2px + acx^3}{2a^2p + acx - px^2} = \frac{s^2x^3}{3s^2x^2 - 2a^4};$$

ou, en faisant disparaître les dénominateurs

$$3a^2s^2px^2 - 2a^6px + 3acs^2x^4 - 2a^5cx^2$$
$$= 2a^2s^2px^3 + acs^2x^4 - s^2px^5;$$

ou, en réduisant, faisant passer dans un seul membre tous les termes où se trouve le facteur p et divisant par x,

$$(s^2x^4 + a^2s^2x^2 - 2a^6)p = 2a^5cx - 2ac^2sx^3.$$

Élevant ensuite au carré, substituant à p^2 sa valeur $\frac{a^4 - s^2x^2}{a^2}$, effectuant la multiplication par cette dernière quantité et ordonnant en x, on aura finalement l'équation suivante :

$$s^6x^{10} - a^2s^4x^8 - 6a^6s^4x^6 + 4a^{10}s^2x^4 + 8a^{12}s^2x^2 - 4a^{16} = 0.$$
$$+ 2a^2s^6 \quad + a^4s^6 \quad - 5a^8s^4 \quad -4a^{14}c^2$$
$$\quad\quad\quad + 4a^4c^2s^4 - 8a^8c^2s^2$$

Si l'on divise par s^6 coefficient du premier terme, et que l'on fasse ensuite sur chacun des autres coefficiens toutes les réductions qui peuvent résulter de ce que $a^2 = c^2 + s^2$, on aura

$$x^{10} + \left(2a^2 - \frac{a^4}{s^2}\right)x^8 - \frac{2a^6 + 3a^4s^2}{s^4}x^6 - \frac{a^{10} + 3a^8c^2}{s^4}x^4$$
$$+ \frac{4a^{14} + 4a^{12}s^2}{s^6}x^2 - \frac{4a^{16}}{s^6} = 0.$$

Cette équation est du même degré et de la même forme que la précédente. Elle donnerait aussi les mêmes résultats.

211. Les deux équations que nous venons de trouver (art. 209 et 210) n'étant point identiques, il est clair que si on les retranche l'une de l'autre, cette soustraction fera disparaître leur premier terme commun et donnera par conséquent une autre équation d'un degré moins élevé.

Retranchant donc la dernière équation de la précédente, on aura celle-ci :

$$\frac{a^2c^2}{s^2}x^8 + \frac{2a^4c^2}{s^2}x^6 - \frac{3a^6c^2}{s^2}x^4 - \frac{4a^{12}c^2}{s^6}x^2 + \frac{4a^{14}c^2}{s^6} = 0 ;$$

ou, en divisant par $\dfrac{a^2c^2}{s^2}$,

$$x^8 + 2a^2x^6 - 3a^4x^4 - \frac{4a^{10}}{s^4}x^2 + \frac{4a^{12}}{s^4} = 0.$$

Cette équation du huitième degré n'ayant point d'exposans impairs, peut être regardée comme une équation du quatrième degré, et en prendrait la forme, si l'on y introduisait une nouvelle inconnue qui fût égale à x^2. Mais on obtiendra le même effet d'une manière plus avantageuse, en substituant à x une autre variable que la cissoïde oblique et l'oviforme reconnaissent d'ailleurs plus directement qu'aucune autre pour leur lien commun. Cette nouvelle variable est la corde Ci de l'oviforme, que nous avons désignée par u. Nous avons vu (art. 190) que $u = \dfrac{sx^2}{a^2}$; d'où $x^2 = \dfrac{a^2}{s} u$. Substituant à x^4 cette valeur dans notre équation, nous trouverons pour son premier terme $\dfrac{a^4}{s^4} u^4$; de sorte que, pour ne lui laisser d'autre coefficient que l'unité, il faudra, après avoir fait sur les autres termes une substitution semblable, les diviser encore par $\dfrac{a^4}{s^4}$, ou les multiplier par $\dfrac{s^4}{a^4}$. Ces opérations donneront l'équation suivante qui n'est plus que du quatrième degré :

$$u^4 + 2su^3 - 3s^2u^2 - \frac{4a^4}{s} u + 4a^4 = 0.$$

Il est facile de reconnaître que cette dernière équation peut se diviser exactement par $u - s = 0$. L'équation réduite par cette division à ses plus simples termes, sera définitivement

$$u^3 + 3su^2 - \frac{4a^4}{s} = 0.$$

Elle est du troisième degré sans troisième terme. Si l'on voulait éliminer a de cette équation pour y faire figurer α, il faudrait substituer à a sa valeur $\sqrt{\alpha s}$, et l'on aurait

$$u^3 + 3su^2 - 4\alpha^2 s = 0.$$

La corde C*i* ou *u* étant connue, si du point C
on lui mène une perpendiculaire C*e*, qui rencontrera la portion de courbe R*e*R' en un point *e*,
et que l'on tire la droite *ei* prolongée jusqu'en *u*,
cette droite sera tangente au point *e* de la cissoïde et au point *i* de l'oviforme : elle déterminera en même temps sur le prolongement de
l'axe CA le *maximum* de C*u*, et sur la droite N*n*
le *minimum* de C*n*, pour toute la partie de la
branche émergente qui est au-delà du point R.
Le point *e* sera d'ailleurs sur cette partie de
courbe un point d'inflexion : elle y sera touchée
et coupée tout-à-la-fois.

212. Si, pour faire évanouir le second terme
de l'équation

$$u^3 + 3su^2 - \frac{4a^3}{s} = 0,$$

on fait $u = t - s$, et qu'on lui substitue cette
valeur, l'équation deviendra

$$t^3 - 3s^2t + 2s^3 = 0,$$
$$- \frac{4a^3}{s}$$

ou, si l'on veut que a soit remplacé par α,

$$t^3 - 3s^2t + 2s^3 = 0.$$
$$- 4\alpha^2 s$$

213. Nous pensons qu'il ne sera point hors

de propos d'appliquer cette dernière équation à un exemple.

Soient $a = 1$, $s = 0,8$, et par conséquent $c = 0,6$, et $\alpha = \dfrac{a^2}{s} = \dfrac{1}{0,8} = 1,25$, on aura

$$3s^2 = 1,92, \quad 2s^3 = 1,024, \quad \text{et} \quad 4\alpha^2 s = 5;$$

d'où $\qquad 2s^3 - 4\alpha^2 s = -3,976.$

L'équation

$$t^3 - 3s^2 t + 2s^3 = 0$$
$$- 4\alpha^2 s$$

deviendra donc

$$t^3 - 1,92 t - 3,976 = 0,$$

et sa résolution donnera

$$t = \sqrt[3]{1,988 + \sqrt{3,69}} + \sqrt[3]{1,988 - \sqrt{3,69}}$$
$$= 1,9815435,$$

et par conséquent

$u = t - s$ ou $Ci = 1,9815435 - 0,8 = 1,1815435.$

On trouvera facilement ensuite

$$x^2 = \alpha u = 1,25 \times 1,1815435 = 1,476929375$$

et $\qquad x$ ou $CB = 1,2152898;$

$$x' \text{ ou } CQ = \frac{x^3}{s^2} = 1,14872324;$$

y' ou $Qi = \sqrt{u^2 - x'^2} = 0,2765044.$

Les quantités

$$-\frac{x^2\sqrt{a^2 - \frac{s^2}{a^2}x^2}}{a^2 - x^2} \quad \text{et} \quad -\frac{\frac{s}{a}x^3}{a^2 - x^2}$$

seront égales, la première à 0,7246995, la seconde à 2,2580667; leur somme 2,9827662
sera Be ou la valeur dite négative de y. Leur
différence 1,5333672 sera BE ou la valeur positive de y. On peut chercher la valeur de Cu
maximum par l'une ou par l'autre des deux
équations

$$Cu = \frac{a^2yx}{2a^2y - ayx^2 + cx^3} \quad \text{ou} \quad Cu = \frac{x'}{3\left(\frac{x'}{a}\right)^{\frac{4}{3}} - 2}.$$

On trouvera également C$u = 1,3745699.$

La valeur de Cn *minimum* est 25,7410514.

Le point e est le point d'inflexion de la portion de courbe ReR$'$: elle y est à la fois touchée
et coupée par la droite ei.

214. Si l'on attribuait à u une valeur quelconque moindre que CA$'$ ou α, et qu'on la sub-
stituât dans l'une des équations

$$u^3 + 3su^2 - \frac{4a^4}{s} = 0, \quad \text{et} \quad u^3 + 3su^2 - 4\alpha^2s = 0,$$

on obtiendrait une équation nouvelle dont la

résolution indiquerait le rapport à établir entre
a et s, ou entre α et s, pour que u eût réellement
la valeur demandée. Il ne serait pas indifférent,
dans une recherche semblable, de faire usage
de l'une ou de l'autre de ces deux équations. Si
l'on prenait l'équation $u^3 + 3su^2 - \dfrac{4a^3}{s} = 0$,
la quantité a demeurerait invariable, et ce seraient les quantités α, s, qu'il serait question de
modifier. Si, au contraire, on préférait l'équation $u^3 + 3su^2 - 4as^2 = 0$, ce serait α qui demeurerait invariable, et les modifications cher-
chées tomberaient sur les quantités a, s.

215. Supposons, par exemple, que voulant
conserver l'oviforme $CDiA'IC$, et regarder par
conséquent comme invariable son axe CA' ou α,
on demande quelle relation doit exister entre
a et s, pour que Ci ou u soit égal à $\frac{2}{3}\alpha$. Il est
clair que, pour résoudre cette question, il fau-
dra dans l'équation

$$u^3 + 3su^2 - 4\alpha^2 s = 0,$$

substituer $\frac{2}{3}\alpha$ à u; on aura

$$\frac{8}{27}\alpha^3 + \frac{4}{3}\alpha^2 s - 4\alpha^2 s = 0,$$

ou $\dfrac{8}{27}\alpha^3 - \dfrac{8}{3}\alpha^2 s = 0$, ou $\dfrac{\alpha}{9} - s = 0$, ou $s = \dfrac{\alpha}{9}$.

On trouvera ensuite

$$a = \sqrt{\alpha s} = \sqrt{\frac{\alpha^2}{9}} = \frac{\alpha}{3},$$

et $\quad c = \sqrt{a^2 - s^2} = \sqrt{\frac{\alpha^2}{9} - \frac{\alpha^2}{81}}$

$$= \sqrt{\frac{8}{81} \alpha^2} = \frac{2\sqrt{2}}{9} \alpha.$$

Ainsi, pour que l'on ait u ou $Ci = \frac{2}{3}\alpha = \frac{2}{3}\frac{a^2}{s}$, il faut que a soit le tiers, et s le neuvième de α, ou que les trois lignes CD, CA et CA', soient entre elles comme les nombres 1, 3, 9, ainsi qu'on le voit dans la figure 20.

Et, en effet, si dans l'équation

$$u^3 + 3su^2 - 4\alpha^2 s = 0,$$

on substitue à $s \frac{\alpha}{9}$, on aura

$$u^3 + \frac{1}{3}\alpha u^2 - \frac{4}{9}\alpha^3 = 0;$$

équation qui a pour racine réelle $u - \frac{2}{3}\alpha = 0$, ou $u = \frac{2}{3}\alpha$.

Nous avons vu (art. 194) que la corde de l'oviforme, lorsqu'elle est égale à $\frac{2}{3}\alpha$, répond au point de cette courbe, dont l'ordonnée est

15

un *maximum*, et dont par conséquent la tangente est parallèle à l'axe. Il a été prouvé aussi que, dans ce cas, on a

$$x' = \sqrt{\frac{8}{27}}\,\alpha, \text{ et } y' = \sqrt{\frac{4}{27}}\,\alpha.$$

Effectivement, si dans l'équation

$$x' = u\sqrt{\frac{u}{\alpha}} \text{ (art. 194)},$$

on substitue $\frac{2}{3}\,\alpha$ à u, on aura

$$x' \text{ ou } CQ = \frac{2}{3}\alpha\sqrt{\frac{2}{3}} = \sqrt{\frac{8}{27}}\,\alpha,$$

et si dans l'équation

$$y'^2 = x'\left(\sqrt[3]{\alpha^2 x} - x'\right),$$

on substitue $\sqrt{\frac{8}{27}}\,\alpha$ à x', on aura

$$y'^2 = \frac{4}{27}\,\alpha^2 \text{ et } y', \text{ ou } Qi = \sqrt{\frac{4}{27}}\,\alpha.$$

Si dans l'équation $Cu = \dfrac{x'}{3\left(\dfrac{x'}{\alpha}\right)^{\frac{2}{3}} - 2}$, on sub-

stitue $\sqrt{\frac{8}{27}}\,\alpha$ à x', on trouvera que le dénominateur $3\left(\dfrac{x'}{\alpha}\right)^{\frac{2}{3}} - 2$ sera égal à o, et que la valeur de Cu sera par conséquent infiniment grande. Il est donc très vrai dans ce cas de dire que Cu est un *maximum*.

On trouverait la valeur de x ou de CB par l'équation

$$x = \sqrt{au} = \sqrt{\frac{2}{3}a^2} = \sqrt{\frac{2}{3}}a = \sqrt{6}a\,;$$

x étant connu, il sera facile d'avoir les valeurs de y. On trouvera

$$B e = \frac{6}{\sqrt{3}}a = \frac{2}{\sqrt{3}}a, \text{ et BE} = \frac{18}{5\sqrt{3}}a = \frac{6}{5\sqrt{3}}a.$$

Si dans l'équation

$$Cu = \frac{a^3 x}{2a^3 - ax^2 + \dfrac{cx^3}{y}},$$

on substitue à c, x, y, leurs valeurs $\frac{2\sqrt{2}}{3}a$, $\sqrt{6}a$, et $\frac{6}{\sqrt{3}}a$, on trouvera le dénominateur égal à o, et par conséquent la valeur de Cu sera infiniment grande.

216. Nous venons de voir que si l'on a $a = \frac{\alpha}{3}$, on aura aussi Ci ou $u = \frac{2}{3}\alpha$. La tangente commune ei (fig. 20) à la cissoïde oblique et à l'oviforme, sera, dans ce cas, parallèle à la di-

15..

rection commune de leurs axes, et ne la rencontrera, par conséquent, ni de l'un ni de
l'autre côté.

Il suit de là que si, comme dans la figure 19,
on a

$$a > \frac{a}{3}, \text{ ou } CA > \frac{CA'}{3},$$

on aura aussi

$$u > \frac{2}{3}\,\alpha, \quad \text{ou} \quad Ci > \frac{2}{3}CA',$$

et la tangente commune ei ira rencontrer la
direction commune des axes en un point u,
situé au-dessous du point A'. Alors la valeur
de Cu sera positive.

Si, comme on le voit dans la figure 21, on a

$$a < \frac{a}{3} \text{ ou } CA < \frac{CA'}{3},$$

on aura aussi

$$u < \frac{2}{3}\,\alpha, \quad \text{ou} \quad Ci < \frac{2}{3}CA',$$

et la tangente commune ei ira rencontrer la
direction commune des axes en un point situé
au-dessus du point C. Alors la valeur de Cu
sera négative.

Dans tous les cas, la valeur de Cu qui résultera de celle de Ci ou de u obtenue par l'équation

$$u^3 + 3su^2 - 4a^2s = 0,$$

sera un *maximum*; mais il faut observer que lorsqu'elle sera mesurée au-dessus du point C, elle sera négative, et qu'alors, par conséquent, elle sera d'autant plus grande, qu'elle semblera plus petite, c'est-à-dire que le point *u* se trouvera plus rapproché du point C.

217. Nous nous permettrons, avant de terminer ce chapitre, quelques observations générales sur la cissoïde oblique et sur son oviforme.

Pour bien connaître un objet, il est souvent à propos d'examiner quelles sont ses limites, et l'on peut dire que celles de la cissoïde oblique se trouvent, la première, dans la supposition de $c = 0$; la seconde, dans celle de $s = 0$.

Lorsque l'on a $c = 0$, et par suite $s = a$, la cissoïde cesse d'être oblique; c'est une nouvelle cissoïde droite, dont l'axe est a ou s, et dont l'asymptote est perpendiculaire à l'axe.

A mesure que c devient plus grand relativement à s, ou à mesure que l'axe s'incline davantage sur l'asymptote, la cissoïde oblique s'écarte des formes régulières et symétriques de la nouvelle cissoïde droite; ses deux branches correspondantes diffèrent plus sensiblement l'une de l'autre; les changemens de courbure de la branche émergente à son point de rebroussement, et surtout à son point d'inflexion, deviennent plus brusques; la tangente à ce point d'inflexion, celle de toutes dont la rencontre avec le prolongement de l'axe s'éloigne le plus du point C, fait un plus grand angle avec l'asymptote, etc.

Si enfin on a $s = o$, et par conséquent $a = c$, l'axe de l'oviforme qui, comme on sait, est une troisième proportionnelle à s et à a, sera infiniment grand. Cette courbe ne sera plus qu'une perpendiculaire indéfinie il (fig. 22), menée du point C sur l'axe, qui, lui-même, se confondra avec l'asymptote Pp.

La branche négative tout entière confondue avec l'asymptote, ne sera plus qu'une ligne droite pA, qui se terminera au point A.

La branche émergente ou positive passera par le point A, et du point C au point A, elle se dirigera en ligne droite. Du point A au point G, la corde de cette branche étant constamment égale à l'axe CA, cette partie sera un demi-cercle AfG, dont le point C sera le centre, et CA le rayon. Le cercle $AfGF$ sera complété, ainsi que le diamètre AG, par l'autre branche émergente opposée à la première. Le point A représentera le point E' (fig. 19), dont la tangente était perpendiculaire à l'asymptote. Le point F sera ce qu'était le point culminant ou de rebroussement R. Le point G enfin sera ce qu'était le point d'inflexion e, avec cette différence, que cette inflexion, au lieu d'être préparée insensiblement par une courbure, se fera brusquement, et à retour d'équerre. La portion circulaire une fois arrivée au point G, prendra subitement la direction GP, qu'elle suivra indéfiniment.

En résumé, les quatre branches de la courbe réunies ne seront autre chose qu'un cercle AfGF décrit du point C comme centre, avec l'axe CA pour rayon, et traversé par une droite indéfinie Pp qui passera au centre C, et représentera tout-à-la-fois les asymptotes, les deux branches rentrantes, les parties des branches émergentes qui s'étendent au-delà des points d'inflexion et la direction de l'axe CA.

Si, en supposant toujours $s = 0$, on voulait conserver à l'axe α de l'oviforme une valeur finie, cette valeur, quelque grande qu'elle fût, en donnerait à a une infiniment petite; puisque a, qui est égal à $\sqrt{as}$, se trouverait être une moyenne proportionnelle entre une quantité finie et 0. Alors le cercle AfGF serait infiniment petit; ce serait un point mathématique qui se confondrait avec le point C, et toutes les branches de la courbe ne seraient plus qu'une seule et même ligne droite prolongée indéfiniment dans la direction Pp.

218. Toutes les oviformes, comme nous l'avons observé déjà (art. 195), sont semblables entre elles, et tant que cette courbe est consi-

dérée isolément, elle ne reconnaît pas d'autres constantes que son axe CA′ ou α (fig. 19); mais quand on envisage l'oviforme dans ses rapports avec la cissoïde oblique, il devient nécessaire de connaître une seconde constante qui est l'axe de cette dernière courbe, c'est-à-dire CA ou a. Plus cet axe est petit comparativement à celui de l'oviforme, et plus la cissoïde est oblique; c'est-à-dire plus l'angle que son axe forme avec son asymptote diffère de l'angle droit.

Dans l'analyse que nous avons faite de la cissoïde oblique, nous avons fait usage de deux autres constantes qui sont c et s; mais sitôt que α et a sont connus, leur rapport détermine les valeurs de c et de s. En effet, $s = \dfrac{a^2}{\alpha}$; c'est toujours une troisième proportionnelle à α et à a. Quant à c, il est égal à $\sqrt{a^2 - s^2}$, et si l'on veut avoir sa valeur exprimée directement en α et en a, on la trouvera égale à $\dfrac{a}{\alpha}\sqrt{\alpha^2 - a^2}$.

Une oviforme CDiA′IC étant donnée, supposons que sur son axe CA′ on prenne à volonté un point A; que du point C comme centre avec CA pour rayon, on décrive une circonférence de cercle AD′; que du point A′ on mène à cette circonférence de cercle une tangente A′R; que par le point A, on mène à cette tangente une parallèle AP; que du point C, on mène encore CD perpendiculaire sur AP; enfin que sur CA comme axe et sur AP comme asymptote, on décrive une cissoïde oblique; nous avons fait voir que toutes les tangentes possibles de cette cissoïde oblique pourront être déterminées par l'oviforme CDiA'iC, mais ce que nous disons serait également vrai, si nous avions donné à CA toute autre valeur, pourvu qu'elle ne fût pas plus grande que CA'. La même oviforme CDiA'iC peut donc appartenir à une infinité de cissoïdes obliques différentes, depuis celle dont l'axe serait égal à CA', jusqu'à celle dont l'axe serait infiniment petit.

Si CA $=$ CA', la cissoïde sera une cissoïde droite et aura pour asymptote une perpendiculaire menée du point A' sur l'axe CA'. Cette perpendiculaire sera la tangente commune de l'oviforme et de la cissoïde, puisqu'elle touchera la première au point A' et la seconde à une distance infinie.

Si le point A est pris à volonté entre les points C, A', les deux courbes pourront toujours avoir une tangente commune que nous avons appris à déterminer, et qui fera avec l'asymptote un angle d'autant plus grand que CA sera plus petit relativement à CA'.

Si CA est infiniment petit, la cissoïde ne sera plus qu'une ligne droite qui se prolongera indéfiniment sur la direction de l'axe CA' de l'oviforme.

Dans la suite infinie de cissoïdes obliques que nous indiquons, il n'y en a pas une seule dont l'oviforme CD*i*A'IC ne puisse déterminer toutes les tangentes possibles.

219. Ce que nous avons dit sur la cissoïde oblique a donné bien souvent l'occasion de remarquer qu'en exposant les principales propriétés de cette courbe, nous ne faisions qu'étendre et généraliser les mêmes principes que nous avons posés déjà d'une manière plus circonscrite, en parlant de la nouvelle cissoïde droite.

Nous avions été tentés, d'après cela, de débuter par l'analyse de la cissoïde oblique, et il est certain en effet que, pour en déduire toutes les propriétés de la nouvelle cissoïde droite, il n'eût été question que de faire pour chacune l'application d'une loi générale à un cas particulier; mais, toutes réflexions faites, nous avons préféré d'exposer nos idées dans le même ordre à peu près qu'elles se sont présentées à notre esprit. Nous avons été affermis dans cette détermination par le désir que nous avions sur toutes choses, de faire connaître les rapports qui pouvaient exister entre la nouvelle cissoïde et la cissoïde de Dioclès.

L'idée nous était venue de généraliser aussi les propriétés de cette dernière courbe, en la soumettant, comme nous l'avons fait pour la

nouvelle cissoïde, au système de l'obliquité ;
mais les tentatives que nous avons faites à cet
égard, loin d'avoir été couronnées par un plein
succès, ont servi plutôt à nous convaincre qu'elles
étaient peu susceptibles d'en avoir aucun.

Si la cissoïde de Dioclès et la nouvelle cissoïde
droite ont entre elles à quelques égards une
grande analogie, nous avons cru reconnaître
qu'elles diffèrent aussi l'une de l'autre sur des
points assez remarquables.

La position du point A (fig. 4) est, pour la
nouvelle cissoïde CER, une des données les plus
essentielles, puisque c'est à partir de ce point
fixe que se mesurent sur l'asymptote toutes les
distances qui, portées ensuite respectivement
sur les obliques menées de l'origine C, déterminent tous les points de la courbe.

Il n'en est pas ainsi de la cissoïde de Dioclès,
et le point A est tout-à-fait étranger à sa construction. On a bien donné pour axe à cette
courbe une perpendiculaire CA, menée de l'o-
rigine C sur l'asymptote ; mais la préférence
accordée à cette direction ne paraît avoir eu
d'autre motif que celui d'une plus grande com-
modité. Cet axe est en quelque sorte une ligne
de pure convention, et il tomberait obliquement sur l'asymptote, que rien ne serait changé
pour cela à la construction ni à la nature de la
courbe.

La nouvelle cissoïde, envisagée sous le point
de vue le plus général, dépend seulement de
deux choses, qui sont la distance de son origine C à l'asymptote et l'angle que l'axe forme
avec cette asymptote, angle qui détermine la
position très essentielle du point A.

La cissoïde de Dioclès dépend pareillement
de deux choses, qui sont la distance de son origine à l'asymptote et la figure génératrice. La
position du point A est ici une chose indiffé-
rente, et il est à remarquer que la figure génératrice, qui jusqu'ici a toujours été un cercle,
pourrait être une autre figure prise à volonté.

La nouvelle cissoïde et la cissoïde de Dioclès
sont, en un mot, susceptibles l'une comme l'autre
d'être variées à l'infini, mais par des moyens
différens. On ne peut donner de la variété à
la première, qu'en changeant la direction de
son axe ; la seconde en recevrait bien plus encore, si l'on adoptait pour figure génératrice
d'autres figures que le cercle.

Nous observerons même que s'il existe une
grande analogie entre la cissoïde de Dioclès et la
nouvelle cissoïde, cela semble provenir beaucoup moins de la nature de ces courbes que de
l'usage qui a prévalu d'admettre exclusivement
un cercle et un tel cercle, pour la figure génératrice de la cissoïde de Dioclès.

FIN.

TABLE

DES MATIÈRES.

CHAPITRE I. *De la nouvelle Cissoïde.*

(238)

(239)

CHAPITRE II. *Rapports de la nouvelle Cissoïde avec la Cissoïde de Dioclès.*

CHAPITRE III. *Rapports de la nouvelle cissoïde avec la parabole, l'hyperbole équilatère et autres courbes.*

16

FIN DE LA TABLE.

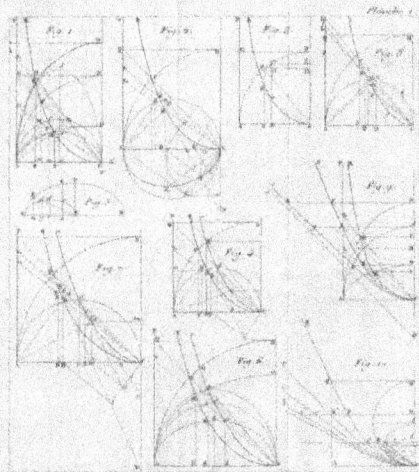

Planche 1.

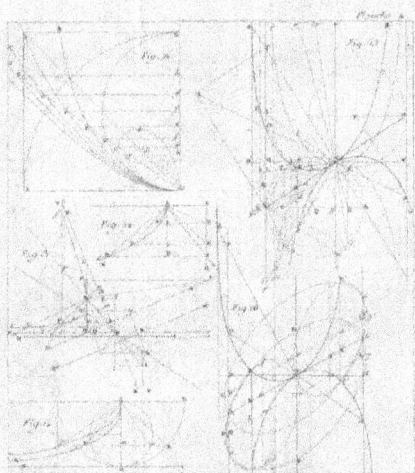

Fig. 9.

Fig. 12.

Fig. 13.

Fig. 10.

Fig. 11.

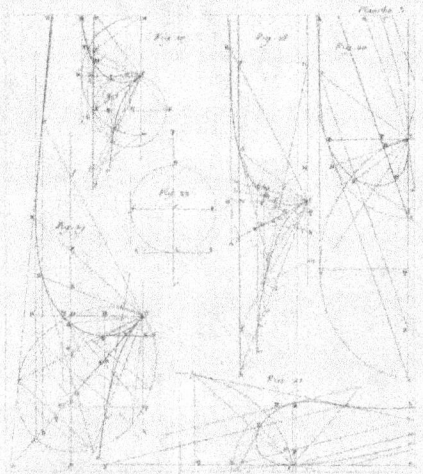

Planche 5.

Fig. 45.

Fig. 46.

Fig. 48.

Fig. 49.

Fig. 47.

Fig. 50.

www.ingramcontent.com/pod-product-compliance
Lightning Source LLC
Chambersburg PA
CBHW060349200326
41519CB00011BA/2087